新型农民职业技能培训教材

植保排灌机械使用与维修

胡 霞 编著

中国农业科学技术出版社

图书在版编目(CIP)数据

植保排灌机械使用与维修/胡霞编著．—北京：中国农业科学技术出版社，2011.5

ISBN 978-7-5116-0436-1

Ⅰ.①植… Ⅱ.①胡… Ⅲ.①植保机具－使用方法 植保机具－维修③排灌机械－使用方法④排灌机械－维修 Ⅳ.①S220.7

中国版本图书馆 CIP 数据核字(2011)第 065382 号

责任编辑　张孝安
责任校对　贾晓红

出 版 者　中国农业科学技术出版社
北京市中关村南大街 12 号　邮编：100081
电　　话　(010)82109708(编辑室)(010)82109704(发行部)
(010)82109709(读者服务部)
传　　真　(010)82109708
网　　址　http://www.castp.cn
经 销 者　各地新华书店
印 刷 者　北京富泰印刷有限责任公司
开　　本　850mm×1 168mm　1/32
印　　张　5.25
字　　数　120 千字
版　　次　2011 年 5 月第 1 版　2011 年 5 月第 1 次印刷
定　　价　15.00 元

前言

随着经济的发展，科技的进步，农业机械的品种在不断增多，机具质量也有了很大提高，大量农业机械被应用到农业生产的各个环节。农业机械的广泛使用，使得农业生产的效率和抵御自然灾害的能力都得到大幅度提升，减轻了农业劳动的体力消耗，改善了劳动条件，同时也使农产品有了高产优质的保障。

当前在农业生产的病、虫、草害防治以及灌溉等生产环节，都已广泛使用了很多农业机械。但在使用过程中，由于对机具缺乏相关的知识，导致人员受伤、机具损坏等事故经常发生。为了帮助农机作业人员了解植保机械与排灌机械的型号与结构，提高安全使用和正确维护的技能，并能对这些常用作业机具出现的故障进行判断和排除，充分发挥农业机械的功能，作者编写了这本书。

本书为便于农机使用者学习，采取图文并茂、通俗易懂的形式，遵循从基础知识、到机具的结构与工作过程，再到正确操作方法，维护保养以及常见故障排除的顺序，详细介绍了当前农业生产中常用的植保机械与排灌机械。

本书共分为十章。在第一章中，介绍了植保员的职业道德以及与农业生产相关的法律法规。在第二章中，介绍了植物保护的方法、植保机械的种类与植保机械的选用。在第三章中，介绍了手动式喷雾器、机动喷雾机和静电喷雾机的结构与工作原理。在第四章中，介绍了多种植保机械的使用、维护与故障排除方法。在第五章中，介绍了灌溉的方式和水泵的种类及其特点。在第六章中，介绍了离心泵、轴流泵、混流泵、潜水泵、自吸离心泵的结构与工作原理。在第七章中，介绍了水泵的选型与配套。在第八章中，介绍了水泵管路与附件的安装方法。在第九章中，介绍了喷灌与微灌技术。在第十章中，介绍了离心泵、轴流泵、潜水电泵的操作方法及故障排除。

本书在内容写作上突出了实用性与针对性，使读者易学易懂。

编　者

目　　录

第一章　植保员职业道德与相关法律法规

一、职业的概念

职业是人们在社会中所从事的作为主要生活来源的工作。如拖拉机驾驶员、农机修理工、农机操作工、推销员、会计和厨师等，这些都属于职业范畴。

从国家的角度来看，每一种职业都是社会分工中的一个部门，就像一台大机器上的一个个零部件；从个人的角度来看，职业则是劳动者扮演的社会角色，他因此而为社会承担一定的义务和责任，并获得相应的报酬。职业不仅是人们谋生的手段，而且是为社会作贡献的岗位，也是实现人生价值的舞台。

二、职业的特性

1. 专业性

职业是人们从事的专门业务，一个人要从事某一种职业，就必须具备专门的知识、能力和特定的职业道德品质。如农机修理工，要有农机构造方面的知识，具备农机故障诊断与维修的能力和精益求精的工作态度。随着社会的发展、科技的进步，劳动的专业化程度越来越高，职业的专业性也越来越强。

2. 多样性

随着社会的发展，社会分工越来越细，职业种类越来越多，职业的差别也越来越大，呈现出多样性的特点。

3. 技术性

随着科学技术的发展与广泛应用，职业的技术含量越来越高，以至于在从事某一种职业之前，必须经过一段时间，针对某一特定的职业进行专门的学习与训练。

4. 时代性

职业随着时代的发展而变化，新的职业不断产生，原有的职业也不断地注入新的时代内容，某些职业会消失，如电话接线员、机械打字机操作员、铅字工等目前已消失，而出现了计算机程序设计员、计算机文字处理员、激光照排工等新的职业；原来的农民、教师、会计等传统职业，其劳动的科技含量也越来越高。、

随着社会的发展，分工逐渐变细、变深，每种职业的内容也在不断变化，为了适应职业发展的需要，要求从业者要有不断学习的意识和能力。

三、职业道德

职业道德是指从事一定职业的人员在工作和劳动过程中所应遵守的、与其职业活动紧密联系的道德规范和行为准则的总和。职业道德包括职业道德意识、职业道德守规、职业道德行为规范，以及职业道德培养、职业道德品质等内容。

社会主义职业道德规范的具体要求是：爱岗敬业、诚实守信、办事公道、服务群众、奉献社会。劳动者应把职业道德规范作为为自己的信念，在职业活动中自觉地去遵守。尤其是在缺乏监督的情况下，也能严格按照职业道德的规范要求自己。

社会主义职业道德的核心是为人民服务，即一切活动都是以为人民利益服务、对人民负责作为思想出发点和行为准则。

社会主义职业道德建设的基本要求是：忠于职守，精益求精，团结协作，开拓创新。

四、职业道德的特点

(1)在职业范围上,职业道德主要对该职业的从业人员起规范作用。

(2)在职业内容上,职业道德是社会道德在职业领域的具体反映。

(3)在适应范围上,职业道德具有有限性,在形式上具有多样性。

(4)从历史发展看,职业道德具有较强的稳定性和连续性。

五、培养和树立职业道德的意义

(1)规范人们的职业活动和行为,有利于推动社会主义物质文明和精神文明建设。

(2)从业人员遵守职业道德,有利于行业、企业的建设和发展。

(3)从业人员树立良好的职业道德,遵守职业守则,有利于个人品质的提高和事业的发展。

六、植保员的职业道德

1.爱岗敬业,忠于职守

爱岗就是热爱自己的工作岗位,热爱自己所从事的职业,树立职业荣誉感;敬业就是以恭敬、严肃、负责的态度对待工作,一丝不苟、兢兢业业、专心致志。

忠于职守,指的是责任心,就是忠实地履行岗位责任,执行岗位规范。在任何时候、任何情况下都能坚守岗位,恪守职责,做好本职工作。

2.认真负责,实事求是

植保员在从事对农作物病、虫、草、鼠害等预报、防治工作时要做到认真负责,一丝不苟;对调查研究、实际操作中获得的各种数据和情况，要实事求是，不弄虚作假。

3. 勤奋好学，精益求精

植保员要深入研究本职业的技术知识和实际操作技能，要精通业务；并能自觉钻研新技术，不断提高业务能力。只有这样，才能做好本职工作。

4. 热情服务，遵纪守法

植保员要树立良好的服务意识，为用户提供优质的服务；要遵守农药使用、环境保护等相关的法律、法规和纪律的规定，按照规定行动，不违法乱纪。

5. 规范操作，注意安全

植保员操作技术要规范，在植保工作过程中要注意人、畜、作物及天敌的安全，做到经济、安全、有效，把病、虫、草、鼠害控制在一定水平下，提高农作物的产量和质量。

第二章　植保机械分类

农作物在生长过程中，经常会遭受到病菌、害虫和杂草的危害，轻则局部或个别植株发育不良，生长受影响，重则全株或整片作物被毁坏，造成减产或绝收。因此，做好植物保护工作，做到防重于治，把病、虫、草害消灭在危害之前，才能确保丰产丰收。

一、植物保护的方法

植物保护的方法很多，按其作用原理及应用技术可分为以下几类。

(一)农业技术防治

农业技术防治包括选育抗病虫草害品种；增施有机肥料及化学肥料，以增强作物抗病、虫、草害的能力；选择合理的播种期和及时、迅速收割，以避开病虫害；改进栽培方法，实行合理轮作，深耕和改良土壤，加强田间管理等。

(二)物理机械防治

病、虫、草害发生期，利用物理方法和相应工具来防治病、虫、草害，如采用机械扑打，果实套袋，药液浸种以消灭病虫害；利用成虫的趋光性，用紫外线灯(黑光灯)诱杀害虫；利用液化石油气燃烧时产生的红外辐射来杀灭杂草；利用高电压脉冲电火花放电杀伤杂草等。

(三)生物防治

通过大量地培育寄生蜂、微生物和利用益鸟等害虫的天敌，来消灭病虫害。如利用培育的赤眼蜂防治玉米螟和夜蛾。采用生物防治，可减少农药残毒对农产品、空气和水的污染。因此，生物防治技术日益受到重视。

(四)法规防治

国家制定法规限制和消灭危险性病、虫、草害传播蔓延。

通过对植物的检疫，特别是对作物种子的检疫和有效的管理，可控制病虫害的扩大和蔓延。

(五) 化学防治

利用喷施化学药剂来消灭病、虫、草害。这种方法具有操作简单、防治效果好、生产效率高等优点，且受地域和季节的影响小，因此得到广泛应用。

目前广泛应用的化学药剂有液剂和粉剂等多种。喷施液剂的方法有喷雾法、弥雾法、超低量喷雾法和喷烟法等；施药粉则采用喷粉法。

1. 喷雾法

喷雾法是对药液施加一定压力，通过喷头雾化成直径为150～300μm的雾滴，喷洒到农作物上。这种方法能使雾滴喷射较远，散布均匀，黏着性好，受气候影响较小，但需要大量的水作溶剂，在干旱缺水地区的应用受到限制，由于要给药液加压，耗用功率较多。

2. 弥雾法

弥雾法是利用高速气流将药液吹散、破碎、雾化成直径为100～150μm的雾滴，并吹到远方，沉降到农作物上。这种方法产生的雾滴细小、均匀，覆盖面积较大，节水、省药。但它受气候影响较大，在气温高、风大时不宜喷药。

3. 超低量喷雾法

超低量喷雾法是通过高速旋转的齿盘将微量原药液(一般低于5L/hm^2,1公顷等于15亩)甩出，雾滴直径为20～100μm，借助风力吹送、飘移、穿透、沉降到农作物上。这种方法可以不用水稀释原药液，具有省水、省药，工作效率高，防治效果好的优点。但施药时要选用低毒药液，在温度较低、空气湿润的天气喷洒，并加强安全防护工作。

4. 喷烟法

喷烟法是利用高温气流使预热后的烟剂发生热裂变，形成烟雾，喷出直径为5～20μm的雾滴，悬浮在空气中，弥散到各处。这种方法适用于果树、森林等大面积的病虫害防治，也可用于仓库消毒和虫害防治。

5. 喷粉法

喷粉法是利用高速气流使药粉通过喷粉头喷出，弥散到农作物上。这种方法不用水，使用简便，但用药量大、黏附性差，受气候影响较大。

二、植保机械的种类

通常将化学药剂防治所用的机械称为植物保护机械，简称植保机械。植保机械一般有3种分类方法：按照施药方法不同，可分为喷雾机、弥雾机、超低量喷雾机、喷烟机和喷粉机；按照动力不同，可以分为手动式和机动式；按照机器配置方式不同，可以分为肩挂式、背负式、担架式、悬挂式和牵引式。

以上都是地面植保机械，此外还有航空植保机械，例如飞机喷药，在大面积防治病、虫、草害时，它与地面防治相比，具有及时、经济、不受地形条件限制等优点。

三、植保机械的农业技术要求

(1)喷洒要均匀，覆盖均匀，不漏喷，不重喷。

(2)要有良好的通过性，不能损伤农作物。

(3)施药量要根据农作物情况能适当调整。

(4)喷药机械要有足够的射程和力度，保证药剂能达到作物深处。

(5)机构简单、使用方便、安全可靠、效率高。

四、植保机械的安全使用

植保机械种类繁多,使用方法各异,但在使用中均应注意以下事项。

(一)喷洒农药前的准备

(1)选择恰当农药的品种,并按照浓度要求配制药液。

(2)检查喷药机械各部分安装是否正确,连接是否牢固,活动是否灵活。

(3)在药箱内加清水进行喷洒试验,检查机具工作是否正常、各连接处有无渗漏并测定喷药量是否符合要求。

(二)喷洒农药作业

(1)喷施农药过程中一旦发现有异常现象,应首先停机,关闭阀门,卸除喷头和管路内的压力,带好胶皮手套再进行检查修理,以避免药液腐蚀皮肤。

若是喷头堵塞,应立即关闭喷头开关,防止药液从喷头边缘或开关螺口溢出。若有备用喷头,应直接换上;若无备用喷头,可缓缓拧开喷头螺帽,取出喷头片,用细铁丝轻轻疏通喷孔,清除杂物,切忌不可用嘴吹。

(2)用喷雾机喷施农药时要注意自然风向和喷洒行走路线。使喷头朝向下风向,顺风喷洒。喷药时要尽量把喷头贴近农作物,以减少飘移,提高喷洒位置的准确性。

在大风天、高温炎热的中午以及下雨前不要喷粉和喷液,以免因药液蒸发不易黏附在作物上而流失掉。

(3)超低量喷雾时,严禁使用高毒农药,还要看风施药。在风速大于3级、风向不定或上升气流较大时,都不宜作业。用工农-36担架喷雾机喷药时要顺风向、倒退喷,喷药人员不要在喷药区内穿行。

(4)用拖拉机挂接喷药机械进行喷洒农药时，顺风行驶时的前进速度要高于风速。

(三)喷洒农药作业结束

(1)对整个机具要全面彻底清洗干净。清洗时，操作人员要注意戴胶皮手套，以免发生人员中毒事故。

(2)清洗的污水应流入预先挖好的土坑内，由土壤吸收。切忌让污水流入饮水井、河流、池塘内，防止污染环境。

(3)机器清洗完毕，应将机器存放在通风干燥的库房内，以免锈蚀。机具上的塑料件和橡胶件应卸下分类保存，避免挤压和阳光照射，以免过早损坏。

五、植保机械的选用

在农业生产中，选用植保机械时要了解防治对象的病虫害特点及施药方法和要求，同时了解防治对象的田间自然条件及所选植保机械对它的适应性，要了解作物的栽培及生长情况，了解所选植保机械在作业中的安全性。根据农业生产经营规模选择适宜的机型。

若以农田作业为主，应采用背负式喷雾机，背负式弥雾喷粉机，中、大型机动喷雾机等。若以防治林果病虫害为主，应采用高压、高射程的机型。

(一)粮田用植保机械的选择

我国的主要粮食作物有：稻、麦、玉米、薯类、高粱等。由于作物的生长环境和生长形态、长势、高度不一样，病、虫、草害发生危害的部位和时间、防治对策亦有不同。当前，我国用于粮食作物病、虫、草害的防治机械有：拌种机、手动喷雾机、喷杆喷雾机、背负式弥雾喷粉机、担架式机动喷雾机、手持式电动喷雾机、手摇喷粉器和手摇撒粒器等。

1. 水稻

水稻的病、虫、草害防治对策一般采取药剂拌种、大田化学除草、苗床防病、生长前期局部重点防治、生长中期全面治虫、生长后期治虫防病。在不同的管理期间选用不同的植保机械。

(1)水稻播种时多采用药剂拌种机进行种子处理。

(2)化学除草若喷洒液剂,可用手动喷雾机或机动喷雾机;若喷撒颗粒剂,可用撒粒器、背负式机动弥雾喷粉机或担架式机动喷雾机。

(3)苗床防病主要采用手动喷雾机配置多喷头直喷喷杆在秧田里喷洒杀菌剂。

(4)水稻生长前期可用配有掀压式开关的手动喷雾机进行低量喷雾。封行后可用背负式机动弥雾喷粉机进行喷粉作业,或用长塑料薄膜喷管进行喷粉,也可用担架式机动喷雾机配远程喷枪喷洒。生长后期以使用担架式机动喷雾机远程喷雾为宜,也可以进行喷粉作业。但是要注意,防治应在药剂使用安全期以前进行。

2. 小麦

麦田为旱作,冬小麦在秋季、冬季、春季生长,春小麦在春季、夏季生长。通常小麦病、虫、草害防治对策是:药剂拌种、春夏季除草害、拔节抽穗期间防治病虫害。

(1)种子处理。用药剂拌种机搅拌种子,主要防治黑穗病和地下害虫。

(2)草害防治。北方地区多采用土壤处理,可选用喷杆喷雾机;南方地区一般采取叶面喷洒,可选用与小型拖拉机配套的喷杆喷雾机或具有多个喷头的直喷喷杆手动喷雾机。

(3)麦田害虫主要为麦蚜、黏虫等,病害主要为锈病、赤霉病等。当小麦已拔节、抽穗时,一般采用手动喷雾机或背负式机动弥雾喷粉机。

3. 高秆作物

玉米、高粱等高秆作物为我国北方地区的夏季主要粮食作物,该地区干旱少雨，防治宜采取喷雾、喷粉的方法。

草害防治一般应用土壤处理，用喷杆喷雾机对土壤进行全面喷洒，杀灭杂草于萌发期。也有的地区采取苗带喷洒除草、行间中耕除草的方法。虫害防治一般采用手动喷雾机、手动喷粉器或背负式机动弥雾喷粉机。防治的虫害主要为麦蚜、高粱蚜、斜纹夜蛾和棉铃虫等钻蛀性害虫。

4. 低矮作物

对于薯类、大豆等低矮作物，除草是主要任务。北方地区对大豆实施化学除草，可选用喷杆喷雾机对土壤进行全面喷洒，或选用苗带喷雾机进行苗带喷洒。南方地区大豆和薯类的地块一般比较小，可选用与小型拖拉机配套的喷杆喷雾机或手动喷雾机配直喷杆作业。

防治虫害。根茎类农作物主要防治地下害虫，可用毒饵撒布器进行诱杀。果实类主要防治叶茎害虫，可用喷杆喷雾机或手动喷雾机进行作业。

(二)棉田用植保机械的选择

我国棉田主要病虫草害大致如下。

1. 病害有两类

(1)根腐病类如立枯病、炭疽病等主要发生在苗期。这与土壤、种子带病菌有关。

(2)叶斑病类如枯萎病、黄萎病、急性青枯病等，也是与土壤、种子带病毒有关，但苗期不发病，主要在蕾期发病造成棉株大量落叶。

2. 虫害

虫害有棉蚜、棉铃虫、红铃虫、盲椿象、红蜘蛛和棉田玉米螟等。棉蚜、红蜘蛛危害在叶背；棉蚜、棉铃虫 1～2 代、棉田玉米螟危害于苗期；而盲椿象、稻蓟马危害植株上部，棉铃虫 3～4 代危害中后期棉花的中下部。因此防治部位和防治方法要有所选择。

3. 棉田杂草

棉田杂草主要繁殖于苗期，与棉苗争夺肥料、光照，抑制棉苗生长。

因此，要针对不同情况选择适当防治方法和机具。同时还要考虑到自然条件、防治规模、危害程度、使用技术水平和经济条件等因素。

4. 棉田常用的植保机械

目前我国棉田防治机具大致可分为 4 类。

(1)手动机具有背负式手动喷雾机、肩挂式压缩喷雾机、手动喷粉器等。

(2)小型机动机具，有背负式弥雾喷粉机、手携式电动离心喷雾机（超低量喷雾机）、小型喷杆喷雾机。

(3) 中、大型机动机具，主要是中、大型喷杆喷雾机。

5. 选用棉田防治机具的依据

(1)机型大小　依据喷药面积大小和机具的作业效率来选用。一般说来，棉田一次虫情有效防治时间约 3 天。机具有效服务量为：手动喷雾机为 9 亩〔若该机具生产率为每天 3 亩，则 3 天时间内可喷药 3（亩/天）×3（天）＝9 亩〕；机动背负式弥雾喷粉机为 240～300 亩〔若该机具生产率为每天 80～100 亩，则 3 天时间内可喷药 80～100（亩/天）×3（天）＝240～300 亩〕；中型喷杆喷雾机为 600～900亩〔若该机具生产率为每天 200～300 亩，则 3 天时间内可喷药 200～300（亩/天）×3（天）＝600～900 亩〕。

(2)机具喷洒方式　干旱缺水地区可选用超低量喷洒防治，例如，中小地块可选用背负式弥雾喷粉机带超低量喷头或手持电动超低量机等。其喷量为 100ml/min 左右，可节约大量用水。棉田中后期可采用粉、雾交替防治，中小地块可选用背负式弥雾喷粉机配弥雾头或喷粉部件。小田块也可采用手摇喷粉器喷粉。大中地块可采用喷杆喷雾机。

(3)不同生长期防治要选用不同机型　苗期中小田块可采用

手动机具针对性喷雾，采用掀压式点喷开关、小喷量的实心圆锥雾喷头和直径0.7mm的低量喷头片等。大田块可在喷杆喷雾机上配用窄行喷头如60系列狭缝喷头。中后期中等大小的田块可用背负式弥雾喷粉机、小型喷杆喷雾机，作业防治效率比较高。

植株中下部的病虫害可采用定向施药，增加雾流穿透性。植株背部的可采用背负式弥雾喷粉机以左右摆动喷筒的方式喷雾，以便气流搅动株叶；或用吊杆喷雾机进行针对性喷雾；亦可用手动喷粉器安装L形喷粉头，喷粉头离地约30cm进行喷粉。

(4)对病、虫、草害灾情较严重具有暴发性局面的大片棉田，为了迅速控制灾情，可采用大中型喷杆喷雾机或航空喷洒机具进行大面积快速扑灭防治。

(三)果园用植保机械的选择

根据果园的地形、果园经营管理规模的大小和果树的种植、生长情况，果园用植保机械要求喷洒部件射程高(大果树高达4～6m)、喷幅大(大树冠达5～6m)，雾滴对树膛的穿透力强，附着在枝叶上的药剂多，飘失的少，机具耐腐蚀性好。人工移动的小型机具要轻便，便于搬运；机动机具要能在田间很方便地运行。

1.人力喷雾机

喷粉器在果园中很少使用。压缩喷雾机和背负式喷雾机的压力低(0.3～0.4MPa)，射程短，在果园可用于果苗、低矮果树或零星喷药之用。单管喷雾机压力(0.7MPa)比以上两种喷雾机高，喷射能力有所加强，可配小喷枪喷洒果树。在果园中使用较多的是踏板式喷雾机，其工作压力为0.8～1.0MPa，是双缸双作用泵，压力较稳定，雾化较好。它有两根喷雾软管，可安装两支喷杆，配用单头或双头喷头，用挑杆法喷药。也可用小喷枪，垂直射程2～5m，水平射程3～7m。该喷雾机操作省力，价格适中，是果园使用较多的人力施药机械，但其移动方便性较差。

2.机动药械

我国果园使用最多的机动药械是担架式喷雾机，它机体小，可由两人担起转移，也可装在小车上转移。担架式喷雾机随机供应双喷头及4喷头、喷杆、长30m的喷雾软管两套。使用多头喷头时采用挑杆法，也有使用可调喷枪或小喷枪的。一般来说，用挑杆法喷药的喷洒压力较低，节省了能量，减轻了泵的磨损，省药，喷洒质量较好，但操作不便、工作效率较低。小喷枪使用方便、省药，但射程不够远，树梢会喷不到药。可调喷枪比小喷枪射程高（用3mm喷孔时水平射程大于10m），雾滴大小可调，穿透性较强，叶背面药液附着性较好，操作方便，生产率较高。

担架式喷雾机配用的泵有活塞泵、柱塞泵及活塞隔膜泵。它们的机构性能各有不同。对果园常用的可湿性粉剂及腐蚀性很强的石硫合剂等来说，活塞泵的胶碗和缸筒易受腐蚀；柱塞泵由于柱塞和缸套间存在间隙，因而粉剂对柱塞的磨损较少；活塞隔膜泵的主要运动件不与药液接触，泵体流道用塑料涂敷，抗腐蚀性能力较强。

背负式弥雾喷粉机，比常量喷洒省药、省水、省劳力，对果树作侧向喷洒时，其气流向前推进并不断地翻动树叶，使叶正面、背面都能较好地喷着药液。

果园风送式喷雾机由于生产率高，逐渐得到推广应用。

果园管道喷药技术是采用在地下埋设耐压塑料管，并与排列在地面的主管道连接，用活塞隔膜泵输送药液到胶管和喷枪，可以多处同时喷洒，由于不受地形、路面潮软、机具转移的困扰，也得到推广应用。

（四）塑料大棚、温室内植保机械的选择

在矮小的塑料大棚里，可采用人力操作的背负式喷雾机、压缩式喷雾机、踏板式喷雾机等。在高大的温室内可采用机动喷雾机。

如果温室的密封性好，可采用熏蒸法、喷烟法，消灭病虫害。

第三章　植保机械的结构与工作

一、手动式喷雾机

手动式喷雾机是用人力来喷洒药液的一种植保机械。它具有结构简单、使用方便、适用性广的特点，可用于防治水田和旱地作物的病、虫、草害，以及防治仓库病虫害和卫生防疫。目前，我国生产的手动喷雾机主要有背负式喷雾机、压缩式喷雾机、单管喷雾机、吹雾器和踏板式喷雾机等。

(一)背负式喷雾机

背负式喷雾机是由操作者背负，用手摇杆操作活塞式液泵的

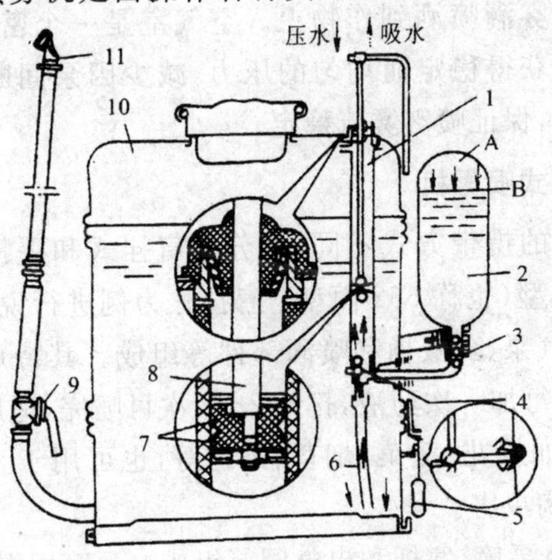

图 3-1　3WB—16 型喷雾机

1—泵筒　2—空气室　3—出水阀　4—进水阀　5—摇杆　6—吸水管
7—皮碗　8—塞杆　9—开关　10—药液桶　11—喷头
A—压缩空气室　B—安全水位线

喷雾机，目前应用广泛的是3WB－16型喷雾器，如图3-1所示。它由药液箱、活塞泵和喷洒部件等组成。

药液箱采用聚乙烯或玻璃钢等材料制成，横截面成腰子形。药液箱壁上标有水位线。加液口、开关和手把处都设有滤网，以阻止杂物进入喷雾机，堵塞喷头。活塞泵由泵筒（唧筒）、塞杆、皮碗、进水阀、出水阀、吸水管和空气室等组成。皮碗直径为25mm，由牛皮制成。泵筒、泵盖、空气室、进水阀座、出水阀座由工程塑料制成，耐农药腐蚀。进、出水阀采用直径为9.5mm的玻璃球阀。

喷洒部件由套管、喷杆、开关、喷雾软管和喷头等组成。喷头采用的是切向离心式喷头。

工作时，操作人员将喷雾机背在身后，通过手摇杆带动活塞在泵筒内上下移动。当活塞上行时，药液经过进液阀进入泵筒；活塞下行时，进液阀关闭，药液经过出液阀被压入空气室，压缩室内空气使压力逐渐升高（可达800kPa），打开喷杆上的开关，药液经喷头雾化成细小的雾滴喷洒到作物上。空气室是一个密闭的容器，其作用是使药液获得稳定而均匀的压力，减少因泵间断地排液而造成的压力脉动，保证喷雾雾流稳定。

（二）压缩式喷雾机

按喷雾机的携带方式不同，可分为肩挂式和手提式两种。下面以3WS－7型（也称552丙型）肩挂式为例进行说明。如图3-2所示，它由打气泵、药液桶和喷洒部件等组成。其特点是气室容积较小，为7L。每加一次药液，打气2～3次可喷完，适用于矮生农作物喷洒药液，如棉花、蔬菜、烟草、茶树等，也可用于卫生防疫和仓库、大棚防治病虫害。

打气泵由泵筒、塞杆和出气阀等组成。泵筒用焊接钢管制造，要求内壁光滑、密封性好。泵筒底部安装有出气阀。出气阀应密封可靠，保证打气筒在进气时药液不进入泵筒内部，塞杆下端装有垫圈、皮碗等零件。

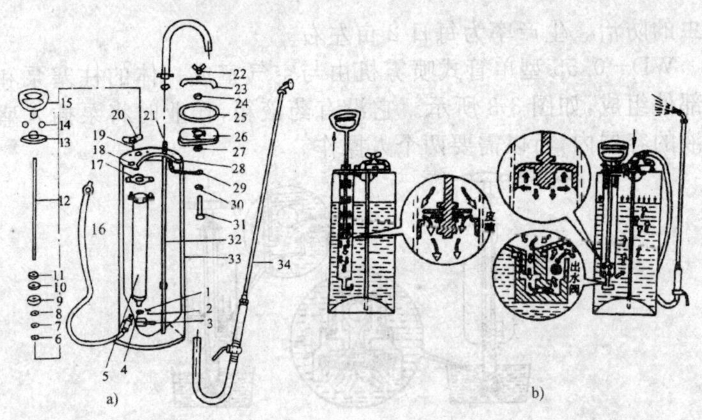

图 3-2 3WS—7 型压缩式喷雾机

1—阀销 2—钢球 3—出气阀体 4、27、30—垫圈 5—泵筒 6、11、24—方螺母 7—弹簧垫圈 8—小垫圈 9—皮碗 10—大垫圈 12—塞杆 13—压盖 14—螺母 15—手柄 16—背带(略) 17—垫片 18—放气螺钉 19—放气螺钉皮垫 20—放气螺母 21—出水管接头 22—拉紧螺母 23—横梁 25—加水盖胶垫圈 26—加水垫 28—加强角铁 29—链条 31—拉紧螺母 32—出水套 33—药液桶 34—喷洒部件

药液桶由桶身、加水盖、出水管、背带等组成。桶身采用薄钢板制造,除储存药液外还起空气室的作用,要求能承受一定压力并能密封。桶身上标有水位线,以控制加液量。

工作时,将喷雾机塞杆上拉,泵筒内皮碗下方空气变稀薄,出气阀在吸力作用下关闭,此时皮碗上方的空气把皮碗压弯,空气通过皮碗上的小孔流入下方。当塞杆下压时,皮碗受到下方空气的作用紧抵着垫圈,空气向下压开出气阀而进入药液桶。如此不断地上下拉压塞杆,药液桶上部的压缩空气增多,压强增大,可产生400～600kPa 的压力。这时打开开关,药液经喷头雾化喷出。

(三)单管式喷雾机

单管式喷雾机是一种只有手动泵和喷洒部件的喷雾机。它具有较高的工作压力,常用工作压力达 0.7MPa。其代表性产品是WD—0.55 型单管式喷雾机。这种喷雾机可用于旱地、山区的茶园、果树及粮、棉、蔬菜等矮生农作物的病虫害防治,也可用作仓储害虫的防治。生产率为每日 2 亩左右。

WD—0.55 型单管式喷雾机由与空气室成一体的柱塞泵和喷洒部件组成，如图 3-3 所示。它没有药液箱，作业时将泵插入盛放药液的容器内，所以需要两个人操作。

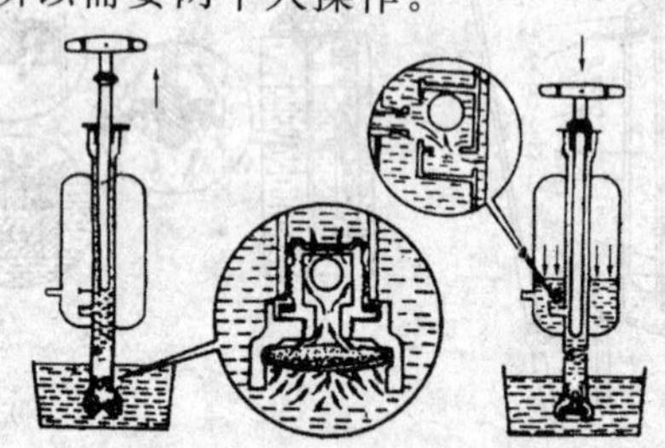

图 3-3 WD—0.55 型单管式喷雾机

柱塞泵底部吸水座内有一个进水阀，在空气室内部的泵筒外壁上有一个出水阀，两个阀内均有铜球，由铜球的上下跳动来开启和关闭阀门，并只允许药液流进阀门而不许流出，以便控制药液流向。

WD—0.55 型单管式喷雾机的工作原理是，当提起柱塞时，泵筒内的空间突然增大，形成局部真空，在大气压力的作用下，经过滤网，药液冲开进水球阀，进入泵筒内。压下柱塞杆时，进水球阀将进水孔封闭，已进入泵筒内的药液只能推开出水球阀进入空气室。再次提起柱塞杆时，在空气室内药液的作用下出水阀被关闭，进水阀打开。如此反复，进入空气室的药液逐渐增多，空气室内的空气被压缩而使药液承受压力，药液经出水接头，通过喷洒部件呈雾状喷出。

(四)踏板式喷雾机

踏板式喷雾机是一种喷射压力高、射程远的手动喷雾机。操作者以脚踏住机座，用手推动摇杆前后摆动，带动柱塞泵往复运动，将药液吸入泵体，并压入空气室，达到一定压力后，即可进行正常喷雾。踏板式喷雾机适用于果树、桑树、园林、架棚植物的喷雾作业，也可用于仓储除虫和建筑喷浆作业。

踏板式喷雾机按泵体的结构不同可分单缸和双缸两类。图3-4 是双缸泵踏板式喷雾机，其工作原理是，推拉踏板式喷雾机的摇杆时，通过杠杆、连杆、框架带动柱塞前后运动。当摇杆由右向左推时，柱塞也由右向左移动，左出液阀关闭，左柱塞与缸体组成的左腔内的容积增大，药液在大气压的作用下，通过吸液头和吸液胶管，冲开左吸液阀进入缸体左腔内。同时，右吸液阀关闭，右柱塞与缸筒所组成的右腔的容积不断缩小，腔筒内药液的压力升高，药液冲开右出液阀进入空气室。当摇杆向右拉时，其作用则相反。如此不断地将药液吸入缸体腔筒内，又从缸体腔筒压入空气室，空气室内的空气受压缩而压力升高。当达到一定压力时，便可打开喷杆上的开关，使药液连续不断地通过出液三通、胶管、喷杆和喷头喷孔呈雾状喷出。

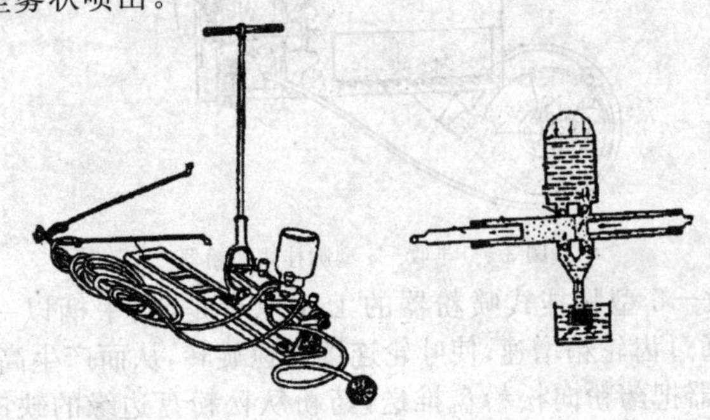

图 3-4 双缸泵踏板式喷雾机

(五)手动喷粉器

手动喷粉器是一种由人力驱动的风机所产生的气流来喷撒粉剂的机具。手动喷粉器按操作者的支撑方式有背负式和胸挂式两类，按风机的操作方式有横摇式和立摇式两种。手动喷粉器的结构简单，操作方便，工效高。作业时不消耗液体，可以节省运输液体的人工。但药粉的附着性能差，受风的影响大。它适用在密闭的空间使用，如温室、粮食仓库等。

下面介绍两种国内常用的手动喷粉器。

1. 卧式喷粉器

丰收—5 型胸挂式喷粉器的结构如图 3-5 所示。它采用卧式圆桶形结构，由药粉桶、齿轮箱、风机及喷撒部件等组成。作业时用手驱动手柄绕轴旋转，旋转轴上安装有搅拌器、松粉盘、风机和齿轮箱等部件。搅拌器用来松动和推送药粉桶内的粉剂，松粉盘用于使粉剂松动,开关盘固定在桶身内,盘上有一个可以滑转的开关片,盘和片上各有 6 个圆孔,搬动开关片上的翼形螺母就可以改变出粉孔的大小,调节出粉量。风机为离心式,风机壳与药粉桶合一,通过齿轮箱带动。风机的作用是产生高速气流,吹送粉剂。

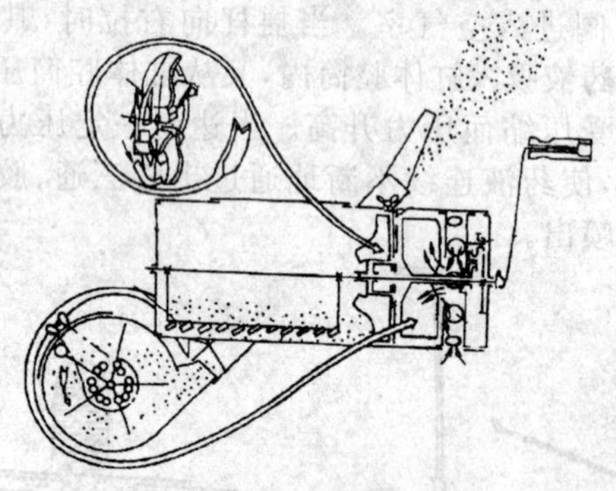

图 3-5　丰收—5 型胸挂式喷粉器

丰收—5 型胸挂式喷粉器的工作原理是,当手柄以一定转速转动时,通过齿轮箱增速,使叶轮连续高速旋转,从而产生高速气流,同时搅拌器把药粉向松粉盘推送,药粉从松粉盘边缘的缺口到达开关盘处,经开关盘上的出粉孔吸入风机,并随高速气流一起经喷粉头喷出。

2. 立摇式喷粉器

立摇式喷粉器的结构简图如图 3-6 所示。它由粉箱、齿轮箱、风机和喷撒部件等组成。喷粉器桶身的上部装有齿轮箱,下部安装风机。粉箱底部呈倒圆锥形,以便于粉剂向下流动。风机转动轴从粉箱中央通过,同时起到疏松粉剂,防止药粉架空的作用。输粉器装在风机转动轴上,与粉箱底部保持一定间隙。粉门开关安装在粉箱底部,移动开关手柄,可以改变出粉口的大小,调节喷粉量。喷粉器的桶身中部有 8 个风机进风孔,桶身的上部和下部安装有上、下支撑架和背带扣。风机的型式和丰收—5 相似,叶

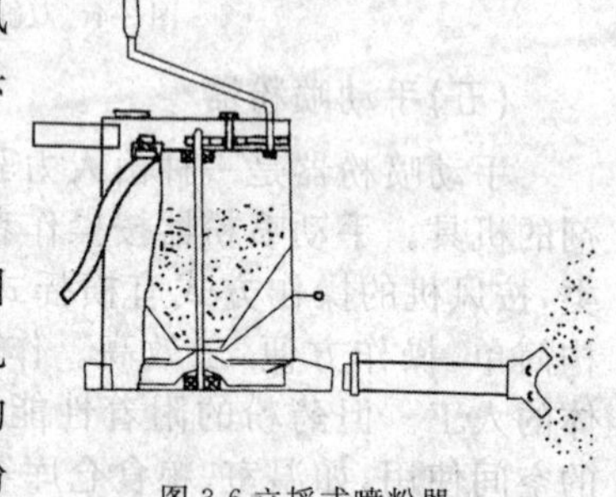

图 3-6 立摇式喷粉器

轮上有 9 个直叶片，整体注塑而成。齿轮箱有四级传动齿轮，工作时顺时针方向转动手柄，通过齿轮增速，带动风机叶轮高速转动。

立摇式喷粉器的工作原理与胸挂式喷粉器的工作原理基本相同。立摇式喷粉器的主要特点是桶身竖直，手柄在桶身上方转动，适合对生长较高的作物（如棉花、油菜等）进行喷粉作业，解决了用卧式喷粉器进行喷粉作业时，手柄容易缠绕和损伤作物的问题。

二、手持式超低量喷雾机

如图 3-7 所示，该机主要由输液瓶、雾化盘、流量开关、喷头体、微型电机、电池电源和手把等组成。手把有固定长度和可伸缩两种，可伸缩手把能在 1.7～2.6m 范围内调节，以适应不同高度喷洒。手把中装有电池式电源和导线。该机附有鉴别喷头极限使用转速的装置，以防止因转速下降而使药液颗粒太大，发生药害。

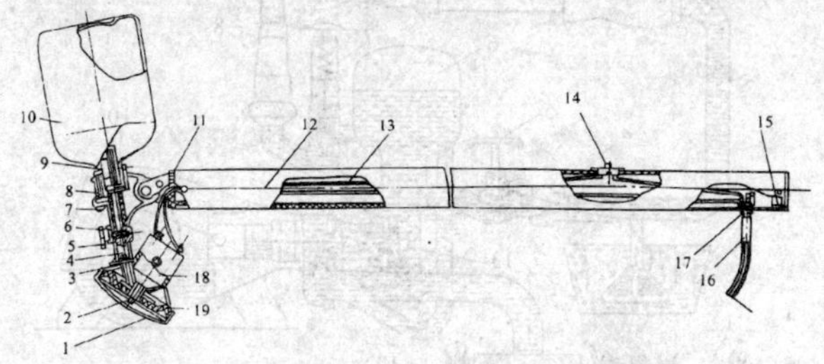

图 3-7 3MC-1 型手持式超低量喷雾机

1—喷头盖 2—密封罩 3—喷头 4—喷头体 5—流量开关 6—O 形密封圈 7—进气管 8—密封垫圈 9—过滤网 10—输液瓶 11—支座 12—手把 13—导线 14—电源开关 15—端盖 16—电源插头 17—插座 18—微型电机 19—雾化盘

3MC-1 型手持式超低量喷雾机在工作时，雾化盘随高达 7 000～8 000r/min 的微型直流电机作等速运动。同时，药液在重力作用下，由药瓶经过滤网、输液管、流量开关及喷头流入雾化盘的两盘中间缝隙里，并立即受到齿盘高速回转离心力的作用，药液以高速碰撞齿盘边缘的小齿，被破碎成直径为 15～75μm 的小雾粒。雾粒在自然风的作用下，飘移到植物表面。

该机工作时应在 2～3 级风速条件下进行，迎着风向行进，顺着风向喷洒。在无风或大于 3 级风时不得使用，风向不对时不准使用，以免影响防治效果。

三、担架式机动喷雾机

图 3-8 为工农-36 型机动喷雾机结构与工作示意图。

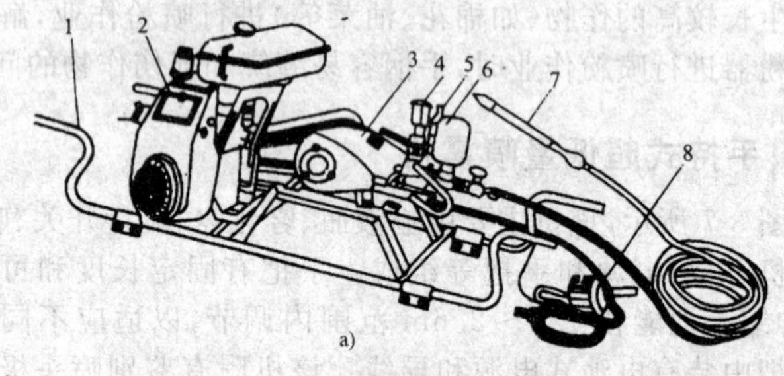

a)

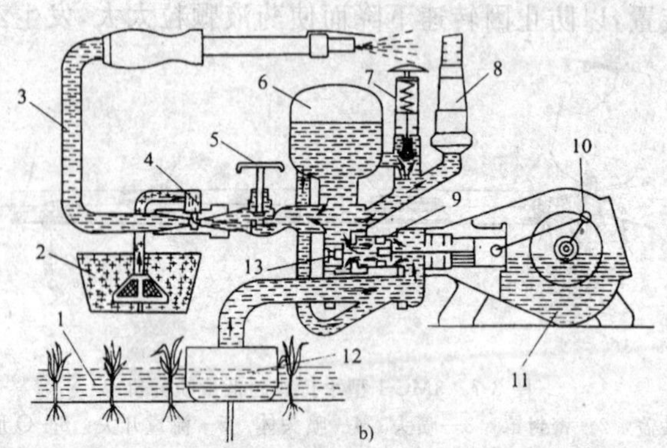

b)

图 3-8　工农-36 型机动喷雾机结构与工作示意图

a)结构图

1—机架　2—发动机　3—泵体　4—调压阀　5—压力指示器

6—空气室　7—喷洒部件　8—吸水滤网

b)工作原理示意图

1—水田　2—母液　3—药水　4—混液箱　5—截止阀

6—空气室　7—调压阀　8—压力表　9—进液阀组

10—曲柄连杆机构　11—曲轴箱　12—吸水滤网　13—出液阀组

该机可配备小型内燃机或电动机，主要由动力机、喷枪或喷头、调压阀、压力表、空气室、流量控制阀、滤网、液泵（三缸活塞泵）和混药器等组成。工农-36 型机动喷雾机的泵压可达 1 500～2 000 kPa，排液量为 36L/min，具有工作压力高、射程远、雾滴细、工作效率高的优点，可用于农田、果园等的病虫害防治。

(一)结构

1. 三缸活塞泵

三缸活塞泵由泵体、曲轴、连杆、活塞杆、唧筒、活塞、进液阀和出液阀等组成，如图 3-9 所示。活塞兼作进液阀，由胶碗托、平阀片和孔阀片等组成，如图 3-10 所示，装在活塞杆上，并能沿活塞杆作轴向移动。出液阀由撞柱、弹簧、出水平阀及阀座等组成，如图3-11 所示。

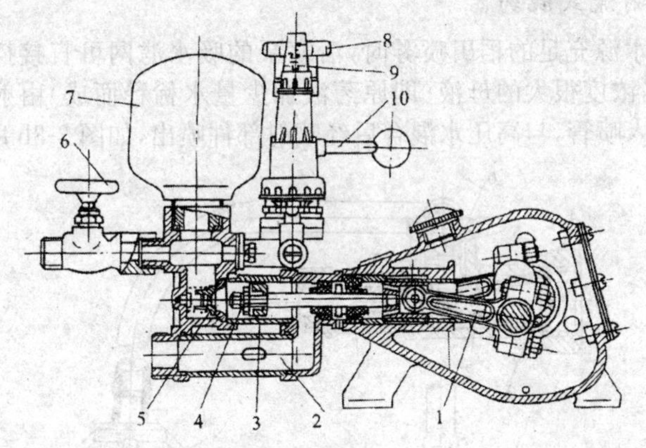

图 3-9 三缸活塞泵

1—曲柄连杆组件 2—吸液泵 3—泵缸 4—活塞
5—排液阀 6—流量控制阀 7—空气室 8—调压阀
9—压力表 10—调节手柄

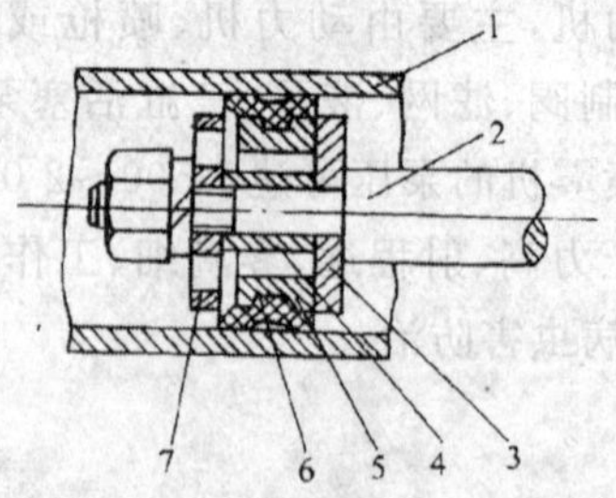

图 3-10 三缸活塞泵进液阀组

1—泵筒 2—活塞杆 3—平阀 4—套桶 5—胶碗托 6—胶碗 7—进液阀片

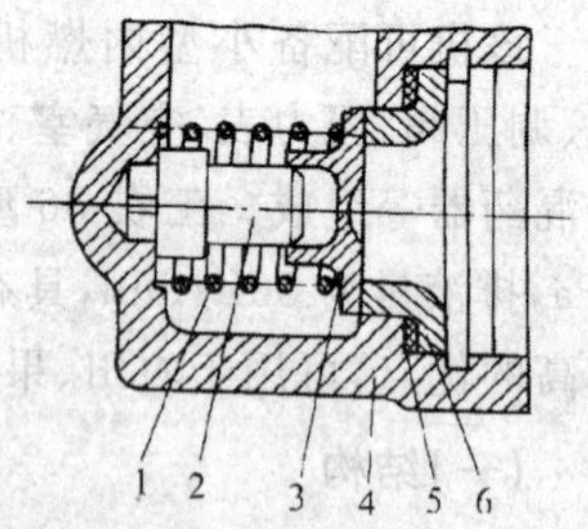

图 3-11 三缸活塞泵出液阀组

1—弹簧 2—撞柱 3—平阀 4—空气室盖 5—垫圈 6—出液阀座

2.调压阀和压力表

调压阀用来调节泵的工作压力,并起安全阀的作用。压力表用于指示泵的工作压力。

3.射流式混药器

在水源充足的稻田喷雾时,活塞泵的吸水滤网可直接插入水田里吸水,浓度很大的母液(即原药液加少量水稀释而成)由射流式混药器吸入喷管,与高压水混合后经喷射部件喷出,如图 3-8b 所示。

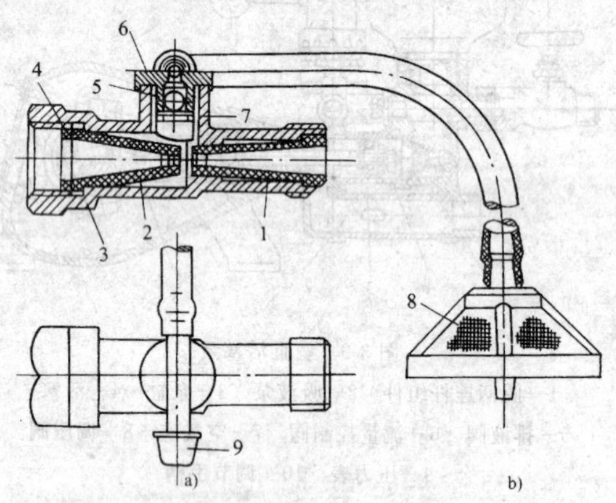

图 3-12 射流式混药器

1—衬套 2—射嘴 3—壳体 4—垫圈 5—玻璃球 6—T 形接头 7—销套 8—吸药滤网 9—管封

射流式混药器是利用射流原理工作的，其构造如图 3-12 所示，当高速水流通过射嘴时，在射嘴和衬套间的混合室内形成负压，药液便由药液桶吸入混合室与水混合，混合后的药液经喷射部件喷出。

(二)工作过程

工农—36 型喷雾机的工作过程(图 3-8b)：动力机带动活塞作往复运动，活塞前移时，进液阀上的平阀片紧贴在胶碗托上，进液阀的孔道被关闭，使活塞后边形成局部真空，水便经过滤网进入活塞后边的唧筒内。活塞后移时，平阀片开启，后边的水经过进液阀流入活塞前面的唧筒内。当活塞再次向前移动时，唧筒后面仍进液，而其前边的水则受压顶开出液阀进入空气室，由于活塞不断作往复运动，进入空气室的水流压缩空气提高压力。当打开开关，压力水流经射流式混药器时，将母液吸入混药器，与高压水混合后经喷枪喷出。喷射的高速液流与空气撞击，形成细小的雾滴而均匀分布在作物上。当要求雾化程度好及近射程喷雾时，须卸下混药器换装喷头，将滤网放入药液箱内即可工作。

四、喷杆喷雾机

喷杆喷雾机可用于小麦、玉米、大豆和棉花等农作物的播前、苗前土壤处理，作物生长前期病、虫、草害的防治。装有吊杆的喷杆喷雾机与高地隙拖拉机配套，可进行玉米、棉花等作物生长中后期的病虫害防治。该机具有生产率高、喷量分布均匀的优点，适用于大田作物。

(一)种类

喷杆喷雾机的种类按喷杆的形式，可分为横喷杆、吊喷杆和气袋式 3 种。横喷杆式喷雾机的喷杆水平配置，喷头直接装在喷杆下部，是常用的机型；吊杆式喷雾机是在横喷杆下面平行地垂吊着若干根竖喷杆，作业时，横喷杆和竖喷杆上的喷头对作物形成“冂”形喷洒，使作物的叶面、叶背等处能较均匀的被雾滴覆盖，这类机型主要用在棉花等作物生长的中后期喷洒杀虫剂、杀菌剂等；气袋式喷雾机是在横喷杆上方装有一条气袋，有一台风机往气袋供气，气袋上方正对每个喷头的位置都开有一个出气孔，作业时，喷头喷出的雾滴与从气袋出气孔排出的气流相撞击，形成二次雾化，在气流的作用下吹向作物。同时，气流对农作物枝叶有翻动作用，有利于雾滴在叶丛中穿透及在叶面、叶背上均匀附着。

按与拖拉机的连接方式可分为悬挂式、固定式和牵引式 3 种。悬挂式喷雾机通过拖拉机悬挂装置悬挂在拖拉机上；固定式喷雾机各部件分别固定地装在拖拉机上；牵引式喷雾机自身带有底盘和行走轮，通过牵引杆与拖拉机相连接。

按机具作业幅宽可分为大型、中型和小型 3 种。大型喷杆喷雾机多为牵引式，喷幅在 18m 以上，主要与功率 37kW 以上的拖拉机配套作业；中型喷杆喷雾机的喷幅为 10～18m，多与 18.5～37kW 的拖拉机配套；小型喷杆喷雾机的喷幅在 10m 以下，多与小四轮拖拉机和手扶拖拉机配套。

(二)主要结构

喷杆喷雾机如图 3-13 所示，主要由液泵、药液箱、喷射部件、搅拌器、喷杆架和管路控制部件等组成。

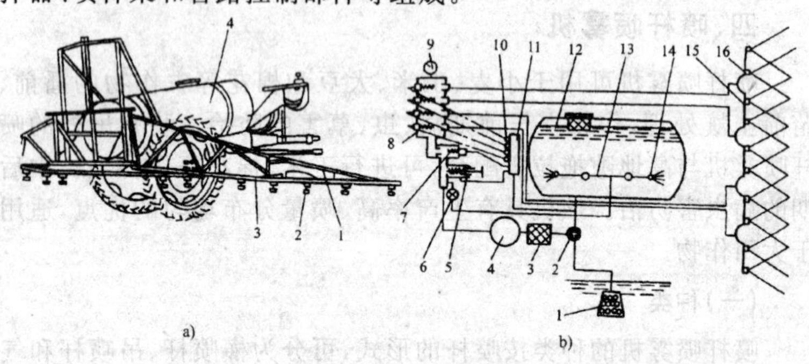

图 3-13　喷杆喷雾机

a)外形图：1—喷杆珩架　2—喷头　3—喷杆　4—药液箱

b)工作原理图：1—吸水头　2—三通开关　3—过滤器　4—泵　5—调压阀　6—截止阀　7—总开关　8—分段控制开关　9—压力指示器　10—阻尼阀　11—总回水管　12—药液箱　13—搅拌器　14—搅拌喷头　15—喷杆　16—喷头

1. 液泵

喷杆喷雾机的液泵主要有活塞隔膜泵和滚子泵两种。

(1) 活塞隔膜泵

这种泵也有单缸、双缸和多缸之分。图 3-14 为双缸活塞隔膜泵，它由空气室、泵体、偏心轴、连杆、缸筒、活塞、隔膜、吸液阀和排液阀等组成。在一根偏心轴上安装左右对称的两套活塞连杆组件。在金蜂—40 担架式机动喷雾机上便采用了双缸活塞隔膜泵，图 3-15 为该机外形图。

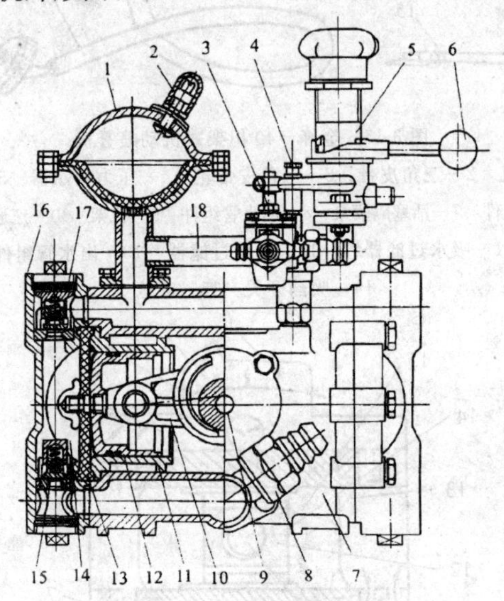

图 3-14 双缸活塞隔膜泵结构图

1—空气室 2—打气嘴 3—三通阀 4—压力表接头 5—调压阀 6—减压手柄 7—泵体 8—进液管 9—偏心轴 10—连杆 11—泵缸 12—活塞 13—隔膜 14—泵腔 15—吸液阀 16—泵盖 17—排液阀 18—排液管

隔膜泵是通过改变隔膜和泵盖所构成的泵腔容积来完成吸液和排液的，而泵腔容积的改变，则是通过隔膜的拉伸和收缩变形来实现的。如图 3-16 所示，当动力机驱动偏心轴旋转时，带动连杆、活塞在泵缸内作往复运动，活塞顶部的隔膜也随之产生拉伸和收

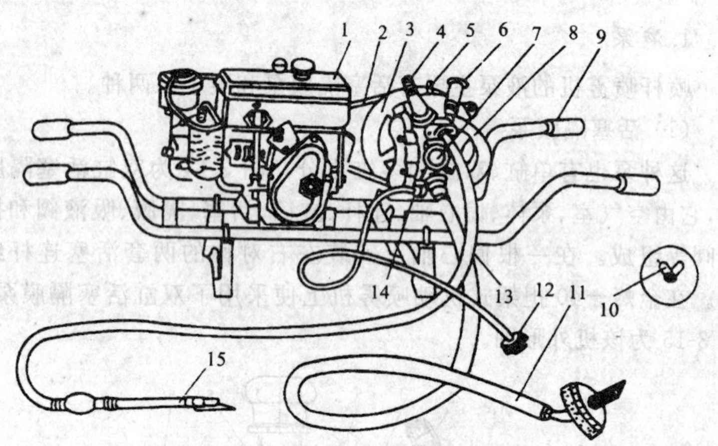

图 3-15 金蜂－40 担架式机动喷雾机

1—柴油机 2—三角皮带 3—三角皮带轮 4—压力指示器 5—空气室
6—调压阀组件 7—活塞隔膜泵 8—回水管组件 9—机架 10—三通(喷雾接头)
11—吸水过滤器管 12—吸药过滤器 13—出水管组件
14—吸药开关 15—喷枪

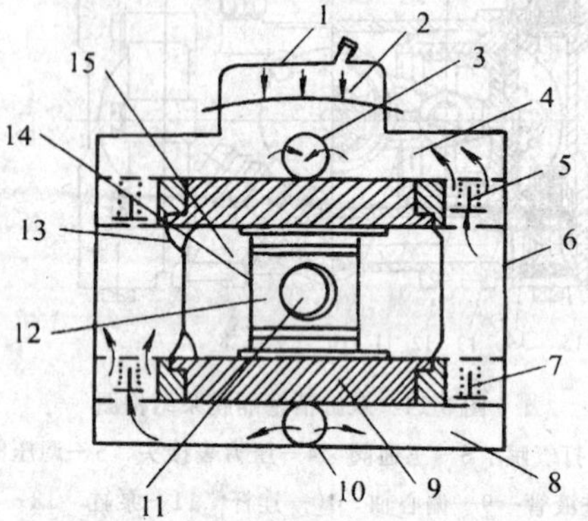

图 3-16 双缸活塞隔膜泵工作原理示意图

1—空气室 2—气室隔膜 3—出水口 4—出水道 5—出水阀 6—泵盖
7—进水阀 8—进水道 9—泵体 10—进水口 11—偏心轴 12—滑块
13—活塞隔膜 14—抗磨片（两边对称） 15—活塞

缩变形，以改变泵腔容积。当活塞右移时，左侧泵腔容积增大，产生局部真空，吸液阀开启，排液阀关闭，药液被吸入泵腔，完成吸液过程。同时，右侧的泵腔容积缩小，吸液阀关闭，排液阀打开，药液在活塞推力作用下，从泵腔排出，完成排液过程。当活塞左移时，情况相反，偏心轴旋转一周，完成两次排液。

为保持药液喷射压力稳定，隔膜泵上装有带隔膜的空气室（图3-14 的 1），隔膜位于上下盖之间，用螺钉拧紧，膜下面直接与出液室相通，上部储存空气，空气与药液分开，避免了空气逐渐溶于药液，从而克服了三缸活塞泵存在的缺点（工作一段时间后，空气室的空气溶于药液，失去稳压作用）。在空气室上盖装有打气嘴，工作时，可预先充气，充气压力一般为 110～120kPa。隔膜泵工作压力高，一般为 500～4 000kPa，最高可达 6 000kPa，排液量大，效率也较高，工作性能较好。该泵的偏心轴、连杆、活塞等主要工作部件浸在机油中，不与药液接触，减少了腐蚀和磨损。

(2)滚子泵

滚子泵是一种结构简单紧凑、使用维护方便的低压泵，特别适用于喷杆喷雾机。滚子泵由泵体、轴、转子和泵盖等组成，如图3-17所示。转子与泵体偏心安装，在转子的圆柱面上开有若干轴向滚

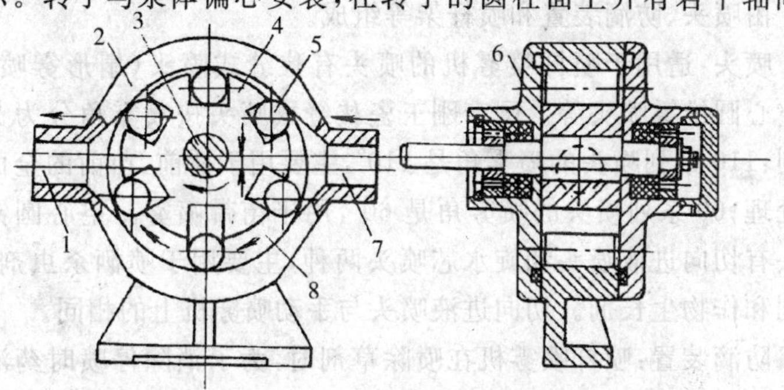

图 3-17 滚子泵

1—出液口 2—泵盖 3—传动轴 4—转子

5—滚柱 6—端盖 7—进液口 8—工作室

子槽。当轴带动转子高速旋转时，由于离心力的作用，滚子紧紧贴在泵体内圆表面上，一边作自转运动，一边随转子作公转运动。又由于转子与泵体有一个偏心距，所以相邻的两个滚子与转子、泵体与泵盖所形成的空间随转子的转动而不断变化，当它由小变大时，产生了真空度，便将液体吸入；随着转子的旋转，当空间由大变小时，将液体压入高压管路。周而复始，滚子泵便完成吸排液工作。

由于滚子泵是靠离心力而紧贴泵体工作的，因此要求泵转速不得过低或过高。通常泵的铭牌上标有泵的额定转速，使用时应予以注意。

2. 药液箱

用于装药液，容积有 0.2m^3、0.65m^3、1m^3、1.5m^3 和 2m^3 等。药箱的上方设有加液口和加液滤网，药箱下方设有出液口，药箱内装有搅拌器。

有些喷杆喷雾机不用液泵，而是用拖拉机上的气泵向药液箱内充气，使药液得到压力，此种机具的药液箱不仅要有足够的强度，而且要有良好的密封性。

3. 喷射部件

由喷头、防滴装置和喷杆架等组成。

喷头：适用于喷杆喷雾机的喷头有狭缝式喷头（扇形雾喷头）和空心圆锥雾喷头等。国产刚玉瓷狭缝式喷头按喷雾角分为 2 个系列：110 系列喷头的喷雾角是 110°，主要用于播前、苗前的全面土壤处理；60 系列喷头的喷雾角是 60°，用于苗带喷雾。空心圆锥雾喷头有切向进液喷头和旋水芯喷头两种，主要用于喷洒杀虫剂、杀菌剂和作物生长剂。切向进液喷头与手动喷雾机上的相同。

防滴装置：喷杆喷雾机在喷除草剂时，为了消除停喷时药液在残压作用下沿喷头滴漏而造成药害，多配有防滴装置。防滴装置共有 3 种部件，可以按 3 种方式配置。3 种部件为：膜片式防滴阀、球式防滴阀和真空回吸三通阀。3 种配置方式为：膜片式防滴阀加真空回吸三通阀；球式防滴阀加真空回吸三通阀；膜片式防滴阀。用这 3 种的任何一种配置均可得到满意的防滴效果。

喷杆架:喷杆架的作用是安装喷头。宽幅喷杆的两端均装有仿形环或仿形板，以免作业时由于喷杆倾斜而使外喷头着地。如图 3-18 所示，中喷杆与外喷杆的交接处还装有垂直方向的弹性活节。当地面不平导致拖拉机倾斜而使外喷杆着地时，外喷杆可以自动地向上避让。中央喷杆与邻接的中喷杆之间也需要装安全避让装置，如在两节喷杆之间装凸轮弹簧自动回位机构，作业中遇到障碍物时，在外力作用下，凸轮曲面克服弹簧力开始滑动，它一边把中喷杆和外喷杆抬起，一边使它们绕着倾斜的凸轮轴向后、向上回转，绕过障碍物后，在喷杆自重及弹簧力的作用下，又迅速复位，从而起到保护喷杆的作用。

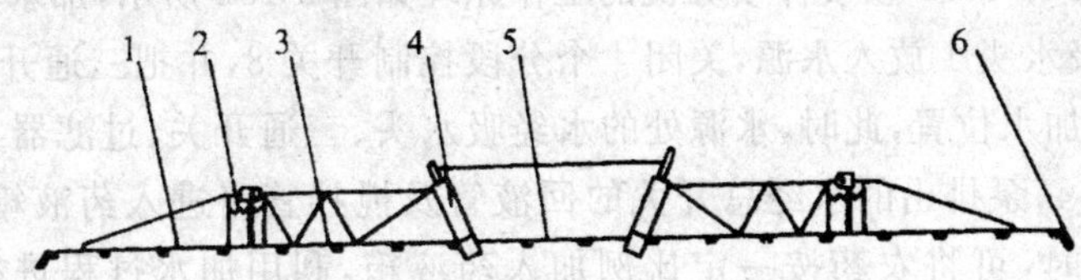

图 3-18 喷杆的仿形和避让装置

1—外喷杆 2—弹簧 3—中喷杆 4—凸轮机构
5—中央喷杆 6—仿形环

4. 搅拌器

搅拌器的作用是使药液箱中的药剂与水充分混合，防止药剂沉淀，保证喷出的药液具有均匀的浓度。

搅拌器有机械式、气力式和液力式 3 种。液力搅拌器是目前常用的搅拌器，它是将由泵排出的部分液体引到药液箱内的搅拌喷头或流经加水用的射流泵的喷嘴，往药液箱内喷射液流进行搅拌。

5. 管路控制部件

管路控制部件一般由调压阀、安全阀、截流阀、分配阀和压力表等组成。调压阀用于调整、设定喷雾压力;压力表用于显示管路压力;安全阀把管路中的压力限定在一个安全值以内;截流阀用于开启或关闭喷头喷雾作业;分配阀把从泵中流出的药液均匀地分配到各节喷杆中去,它可以让所有喷杆进行喷雾,也可以让其中一节或几节喷杆进行喷雾。

(三)工作原理

3W-2000 型牵引式喷杆喷雾机可与铁牛-55 型和东方红-802 型等大中型拖拉机配套,药液箱容积为 2 000L,喷幅为 18m,纯小时生产率可达 $13hm^2/h$,适用于旱地作物病虫草害的防治。该机采用活塞隔膜泵、刚玉瓷狭缝式 110 系列 6 号喷头 36 个(分四级控制)、液力搅拌器、膜片式防滴阀。

3W-2000 型喷杆喷雾机的工作原理如图 3-13b 所示,加水加药时,吸水头 1 放入水源,关闭 4 个分段控制开关 8,并把三通开关 2 置于加水位置,此时,水源处的水经吸水头、三通开关、过滤器 3 进入泵 4,泵排出的水经总开关的回液管及搅拌管路进入药液箱,与此同时,可将农药按一定比例加入药液箱,利用加水过程进行搅拌。喷雾时,把三通开关 2 置于喷雾位置,并打开分段控制开关,一部分药液从药液箱 12 经三通开关 2、过滤器 3 进入泵 4,由泵加压后进入调压分配阀总开关 7,此时大部分药液通过 4 组分段控制开关 8,分别经 4 根喷雾软管输送至喷杆 15,经喷头 16 喷出。另一部分药液由调压阀处分流,经截止阀 6 送到搅拌器 13,对药液箱内的药液进行搅拌,剩余药液经调压阀 5 的回液管及总回水管 11 流回药液箱。

五、喷雾机的主要工作部件

(一)喷头

喷头的作用是使药液雾化和使雾滴均匀分布。按照结构和雾化原理不同,喷头可分为涡流式、扇形雾式、单孔式和冲击式等形式。

1. 涡流式喷头

其特点是在喷头体内制有导向部分，压力药液通过导向部分产生螺旋运动。按结构不同又分为切向离心式、涡流片式和涡流芯式 3 种。

(1)切向离心式喷头 由喷头体、喷头帽、喷孔片和垫圈组成(图 3-19 a)。按喷头体数目不同又可分为单头、双头和四头 3 种(图 3-19b)。喷头体制成有锥体芯的内腔和与内腔相切的输液斜道。喷孔片有孔径为 1.3mm、1.6mm 等规格。

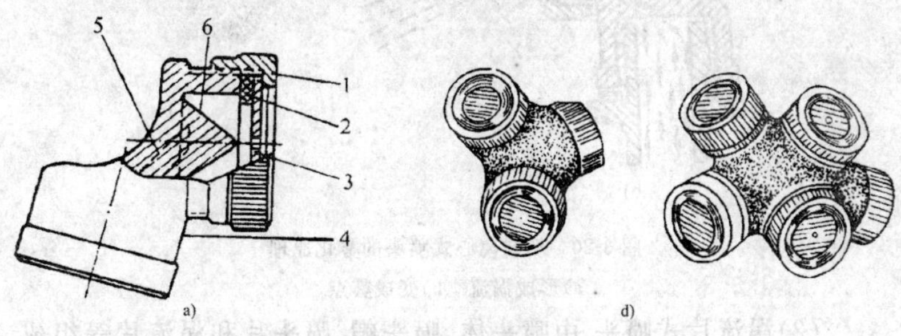

图 3-19 切向离心式喷头

a)喷头结构 b)双喷头和四喷头

1—喷头帽 2—垫圈 3—喷孔片 4—喷头体

5—输液斜道 6—锥体芯

喷孔片与内腔之间构成锥体芯涡流室，改变垫片厚度可以调整涡流室深浅。

切向离心式喷头的雾化原理如图 3-20 所示。压力药液从切向进液通道进入涡流室内，绕锥体芯作高速螺旋运动。通过喷孔后，由于螺旋运动所产生的离心力和喷孔内外压力差的作用，药液一方面向四周飞散，另一方面向前运动，形成一个空心雾锥，喷洒到作物上的雾滴分布为一个圆环，空心锥的顶角称为雾锥角。

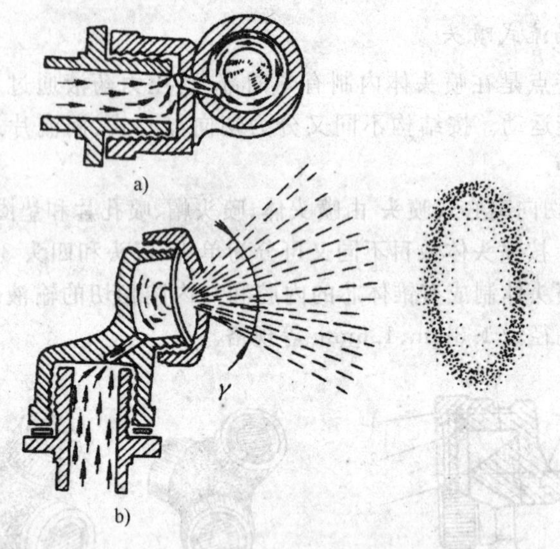

图 3-20 切向离心式喷头的雾化原理

a)形成涡流 b)变成雾点

(2)涡流片式喷头 由喷头体、喷头帽、喷头片和涡流片等组成(图 3-21)。

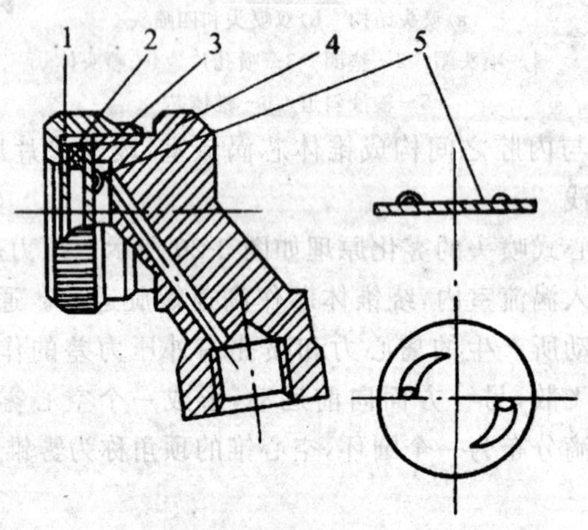

图 3-21 涡流片式喷头

1—喷头片 2—垫圈 3—喷头帽 4—喷头体 5—涡流片

在涡流片上沿圆周方向对称地冲有 2 个贝壳形斜孔，在涡流片和喷孔片之间夹有垫圈，构成涡流室，改变垫圈的厚度可调整涡流室的深浅。

涡流片式喷头的雾化原理与切向离心式喷头相似，只是涡流片代替了锥体芯，压力药液通过涡流片的斜孔进入涡流室，产生高速螺旋运动，再由喷孔喷出，形成空心雾锥。

(3)涡流芯式喷头有大田型和果园型两种，都由喷头体、喷头帽和涡流芯等组成。大田型喷头如图 3-22a 所示，喷头帽中央有喷孔，涡流芯上制有双头矩形螺纹槽，涡流芯前端面与喷孔帽之间构成涡流室。涡流室深度较浅且不可调。但可更换喷头帽以改变喷

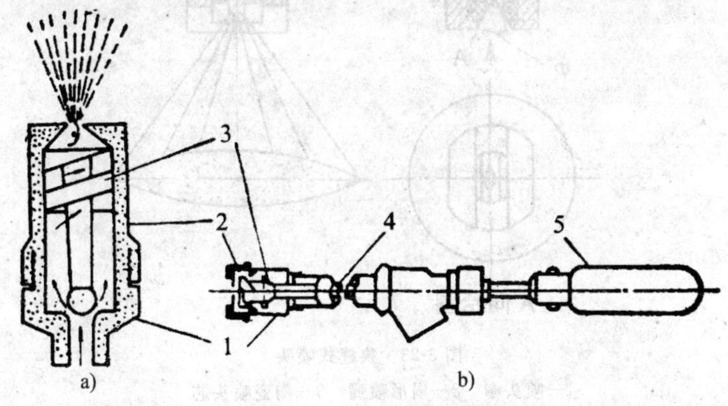

图 3-22 涡流芯式喷头

a)大田型 b)果园型

1—喷头体 2—喷头帽 3—涡流芯 4—推进杆 5—手柄

孔大小，也可更换螺旋角大小不同的涡流芯，螺旋角增大，相当于涡流室变深。喷头工作时，压力药液沿矩形螺旋槽导入涡流室，产生高速螺旋运动，通过喷孔后，形成空心雾锥。

果园型喷头如图 3-22b 所示，其特点是涡流芯的矩形螺旋槽宽而少，螺旋角大，因而产生的雾滴大、射程远，涡流室的深浅可通过转动手柄使涡流芯前后移动进行射程和雾化程度的调节。

2.扇形雾式喷头

(1)狭缝式喷头　如图 3-23 所示，这种喷头在喷孔处开有狭缝通道，液流在一定的压力下通过喷孔后，经狭缝通道喷出，由于受狭缝的限制和挤压，液流在向前喷射的同时互相撞击，并向压力较低的两侧扩散，形成扁平扇形雾流。

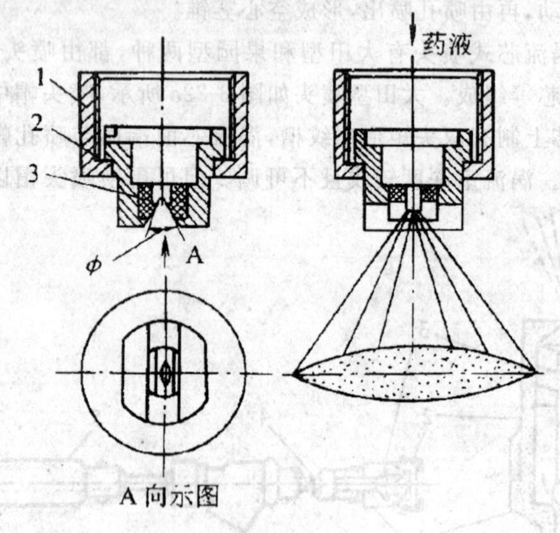

图 3-23　狭缝式喷头

1—喷头帽　2—扇形喷嘴　3—陶瓷喷头芯

狭缝式喷头结构简单，适用喷施杀虫剂、杀菌剂、除草剂和液肥等，喷射压力为 300～400kPa。

(2)导流式喷头　如图 3-24 所示，这种喷头在喷孔前方设有导流片，压力药液从喷孔喷出后撞击导流片而散开，在离开导流片边缘时形成扇形雾流。导流片喷头适用于较低的喷射压力(200～400kPa)和较低的喷雾量，压力过大会造成雾锥角过大，雾滴飘失。

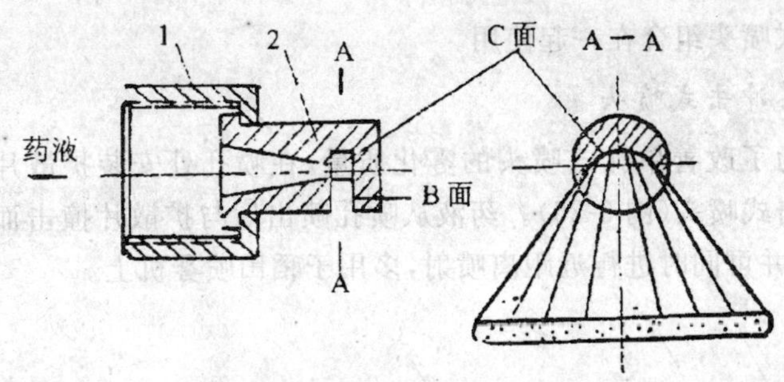

图 3-24 导流式喷头

1— 喷头帽 2—扇形喷嘴

扇形雾喷头多用于大型喷雾机上，管路较长，当液泵停止工作后，管路中存留的压力药液仍将继续喷洒，由于压力降低，雾滴变粗，洒到农作物上将会造成药害。为防止喷头后滴造成药害，在喷头上设有防漏装置。

3. 单孔式喷头

单孔式喷头(图 3-25)是喷头结构形式中最简单的一种。用这

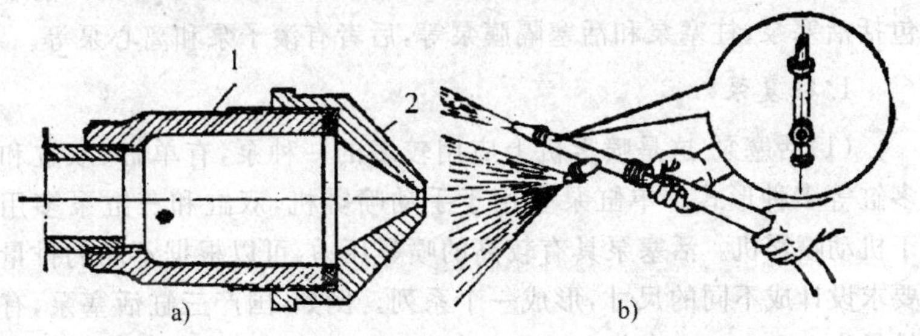

图 3-25 单孔式喷头

a)单孔喷头 b)组合喷头

1—喷头座 2—喷头帽

种喷头喷出的药液，是靠高速射流撞击相对静止的空气而破碎、雾化成细小雾滴，它要求工作压力高(一般为 2 000～3 000kPa)，雾化质量差(雾滴直径在 300μm 以上)，但射程远，多装在远射程喷枪上，用于果林喷洒药剂。为做到远近结合喷洒，可将狭缝式喷头与

单孔式喷头组合在一起使用。

4. 冲击式喷头

为了改善单孔式喷头的雾化质量，在喷孔处安装扩散片便构成冲击式喷头(图 3-26)。药液从喷孔喷出后与扩散片撞击而加强雾化，并可同时进行近距离喷射，多用于稻田喷雾机上。

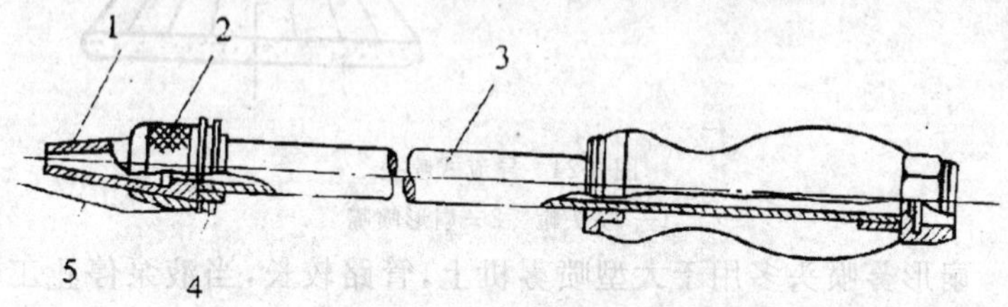

图 3-26 冲击式喷头

1—喷嘴 2—喷头帽 3—喷杆 4—锁紧帽 5—扩散片

(二)液泵

液泵的作用是压送药液，克服管道阻力，提高雾化压力，增大射程和喷幅。植保机械常用的液泵有往复泵和旋转泵两类。前者包括活塞泵、柱塞泵和活塞隔膜泵等，后者有滚子泵和离心泵等。

1. 往复泵

(1)活塞泵 这是喷雾机上应用较多的一种泵，有单缸、双缸和多缸等多种形式。单缸泵多用于手动喷雾机，双缸和三缸泵多用于机动喷雾机。活塞泵具有较高的喷雾压力，可以根据不同的排量要求设计成不同的尺寸，形成一个系列。例如，国产三缸活塞泵，有排量为 30L/min、36L/min、40L/min 和 60L/min 等规格，以适应不同的工作需要，其工作压力一般为 1 500～2 500kPa。因此，射程较远，雾滴较细，工作效率较高，可用于农田和果园的病、虫、草害防治。

(2)柱塞泵 这种泵的工作原理与活塞泵基本相同，仅结构上有些差别。它以柱塞代替活塞(图 3-27)，柱塞不与泵缸内壁接触，而是在泵缸端部装有固定密封，因此容易维修。柱塞泵也有单缸、双缸和三缸等多种形式，其配置方式与活塞泵相同。在 3WZ— 40 型担架式喷雾机上便采用三缸柱塞泵，图 3-28 为该机外形图。

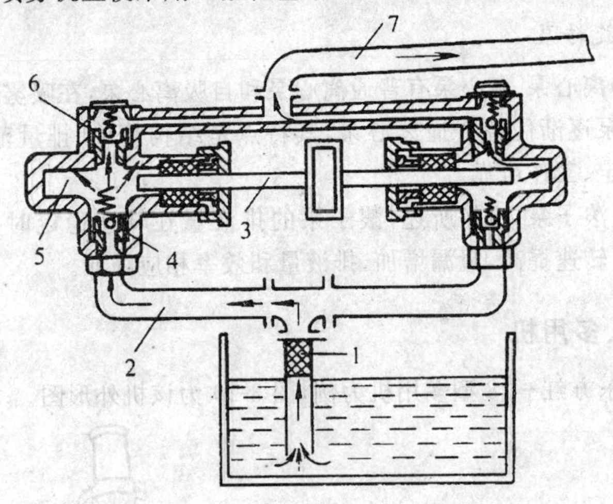

图 3-27 柱塞泵

1—吸水滤网 2—吸水管 3—柱塞

4—进水球阀 5—进水室 6—出水球阀 7—出水管

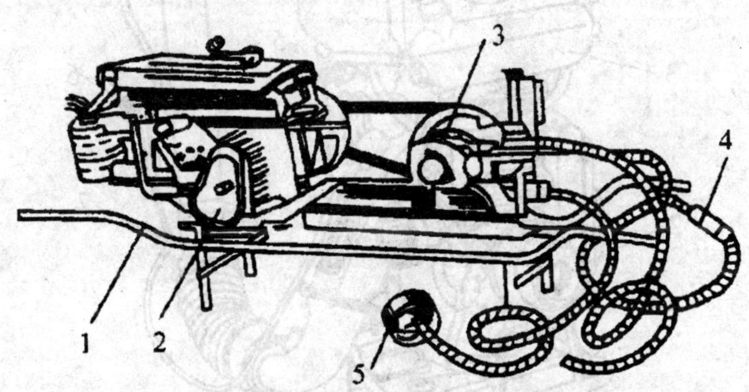

图 3-28 3WZ—40 型担架式喷雾机

1—机架 2—柴油机 3—柱塞泵 4—喷枪及喷雾胶管

5—吸水头及吸水管

(3)活塞隔膜泵 如前所述。

2. 旋转泵

(1)离心泵 离心泵有普通离心泵和自吸离心泵,在喷雾机上自吸离心泵逐渐代替普通离心泵,其特点是结构简单、排量范围大、压力稳定、工作可靠。

(2)滚子泵 如前所述,滚子泵的排液量在转速稳定时是均匀的,随着转速提高,泄漏增加,排液量和效率相应降低。

六、多用机

以东方红—18 型多用机为例,图 3-29 为该机外形图。

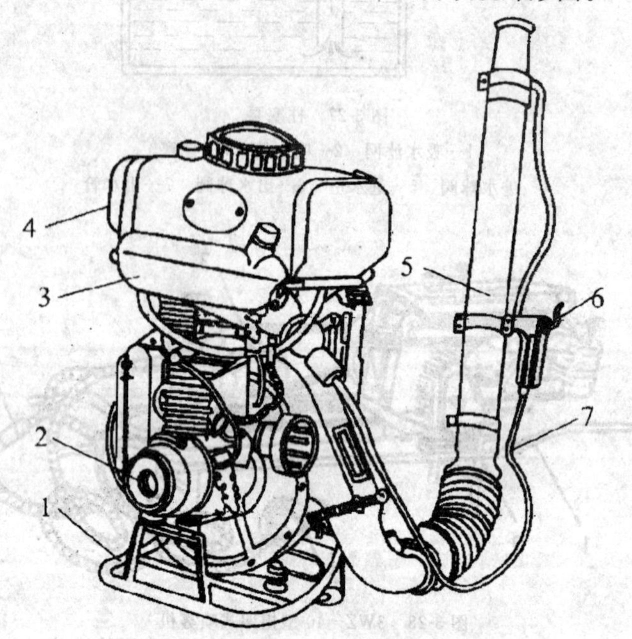

图 3-29 东方红—18 型多用机(弥雾喷粉机)

1—主机架 2—发动机 3—油箱 4—药箱

5—喷管 6—药液开关 7—药液管

东方红－18 型多用机结构紧凑、重量轻、生产率高，只需要换少量部件，便可完成弥雾、喷粉等多种作业，故又称弥雾喷粉机或多用机。该机可用于较大面积的农林作物病虫害的防治，如棉花、玉米、水稻、小麦、果树等病虫害防治，以及化学除草、叶面施肥、喷洒植物生长调节剂等工作。

(一)结构

该机主要由机架、离心风机、汽油机、药箱和喷洒装置等组成。

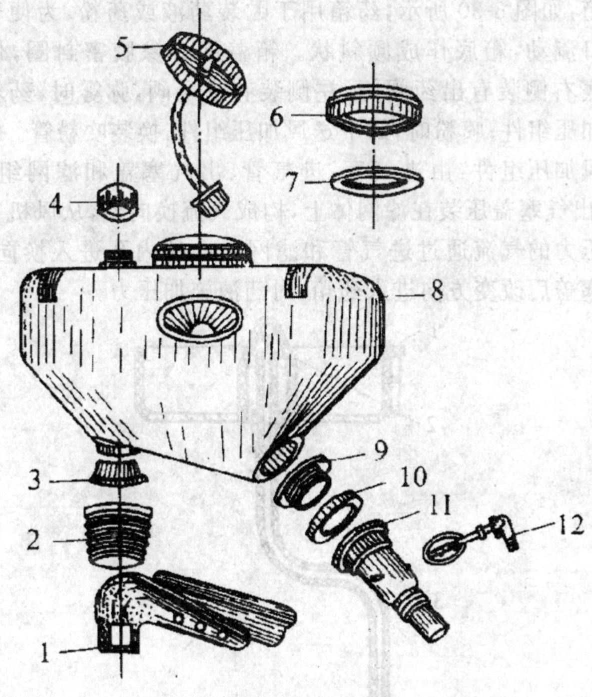

图 3-30　药箱总成

1—吹粉管　2—进风管　3—胶圈　4—灯座形盖　5—送风加压组件　6—药箱盖　7—密封圈　8—药箱　9—压紧螺母　10—粉门密封垫　11—药门体　12—出药阀门组合

机架：分为上下两部分，上机架用于安装药箱和油箱，下机架用来安装风机和发动机。为减轻机架振动，使操作人员背起来舒适，在机架和发动机之间装有减振装置。

风机：风机用于产生高速气流，使药液雾化或将药粉吹散，并将之吹送到远方。该机采用小型高速离心风机，气流由叶轮轴的方向进入风机，获得能量后的高速气流沿叶轮圆周切线方向流出。风机出口通过弯管与喷射部件连接；风机的上方开有小的出风口，通过进风阀将部分气流引入药箱，弥雾时对药液加压，喷粉时对药粉进行搅拌和输送。

药箱：如图 3-30 所示，药箱用于贮装药液或药粉，为便于药粉向出粉口流动，箱底作成倾斜状。箱盖配有橡胶密封圈，保证密封。箱底右侧装有出药阀门，左侧装有进风阀，弥雾时，药箱内装有送风加压组件；喷粉时，卸下送风加压组件，换装吹粉管。

送风加压组件：由进气塞、进气管、出气塞盖和滤网组成（图 3-31）。出气塞盖压装在滤网体上，构成气流换向室，从风机来的具有一定压力的气流通过进气管和滤网中心柱内孔进入换向室，碰到出气塞盖后改变方向进入药箱，对药液施加压力。

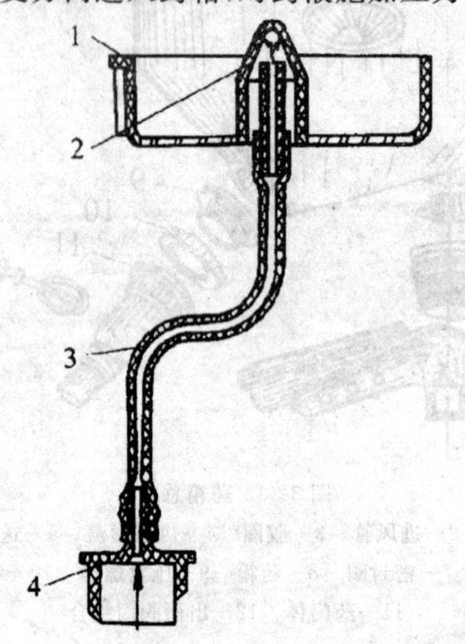

图 3-31　送风加压组件

1—滤网　2—出气塞盖　3—进气管　4—进气塞

喷射部件:喷射部件包括弥雾喷射部件和喷粉装置等。弥雾喷射部件由喷管组件、输液管和弥雾喷头组成(图 3-32)。喷粉时,卸下弥雾喷射部件,换装喷粉装置,它由喷粉管组件和喷粉头组成(图 3-33)。

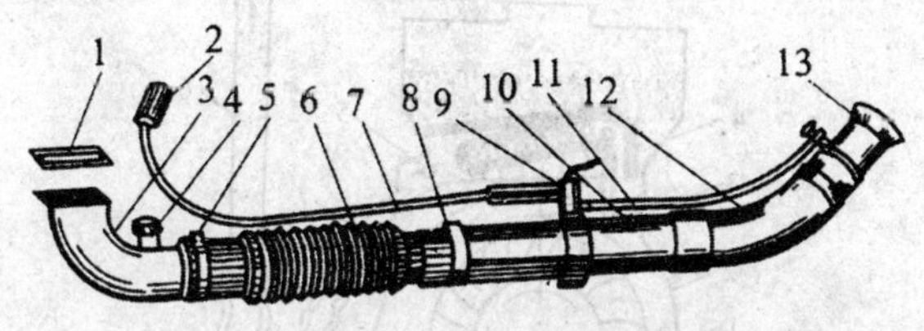

图 3-32 弥雾喷管装置

1—垫板 2—出水塞 3—弯头 4—胶管 5—卡环装置(一) 6—蛇形管 7—输液管(一) 8—卡环装置(二) 9—手把开关 10—直管 11—输液管(二) 12—弯管 13—喷头

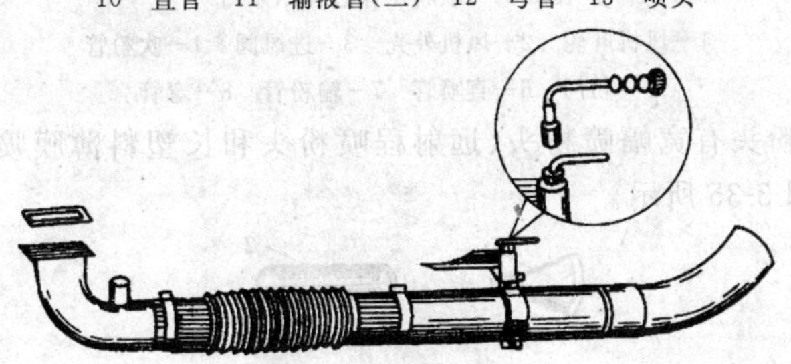

图 3-33 喷粉装置

(二)工作

1.喷粉工作

喷粉过程如图 3-34 所示,药箱内安装松粉组件,且在粉门 5 和弯管 8 之间加接输粉管 7。喷粉是利用气流输粉和气流喷粉原理完成的,离心风机高速旋转产生的高速气流大部分经出口进入喷管,少部分经进风阀进入药箱内的吹粉管,然后从管壁上的小孔冲出来,将箱底药粉吹松,使之扬起,向压力较低的出粉门推送。同时,从风机出口吹出的大量高速气流在经过弯管时使输粉管内形成一定的负压，在推、吸力双重作用下，药粉迅速进入喷管，被高速气流充分混合后，从喷头喷出。药箱底部的药粉被输出后，上部药粉借助机器的振动，不断沿倾斜箱壁下落。

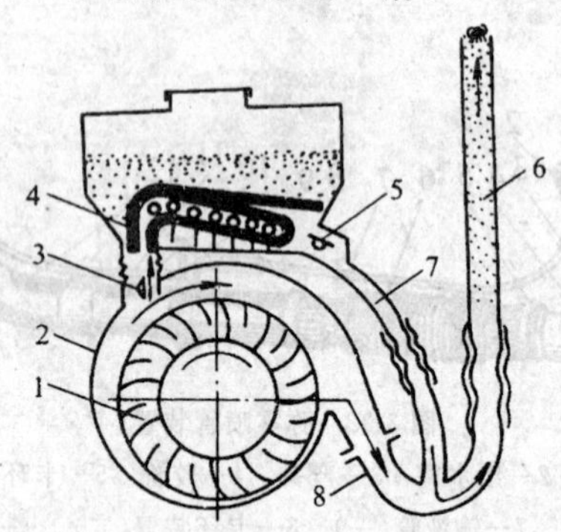

图 3-34 喷粉工作过程示意图

1—风机叶轮 2—风机外壳 3—进风阀 4—吹粉管
5—粉门 6—直喷管 7—输粉管 8—弯管

喷粉头有宽幅喷粉头、远射程喷粉头和长塑料薄膜喷粉管 3 种，如图 3-35 所示。

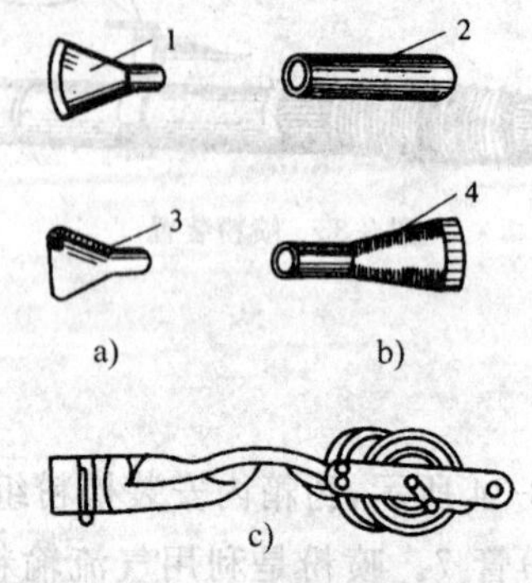

图 3-35 喷粉头

a)宽幅喷粉头 b)远射程喷粉头 c)长塑料薄膜喷粉管
1—扁锥形 2—圆筒形 3—铲形 4—渐缩圆筒形

宽幅喷粉头有扁锥形和铲形等，喷出宽而短的粉流，适于农田和菜园使用。

远射程喷粉头有圆筒形和渐缩圆筒形等，喷出的粉流集中，射程较远，适用于果园和森林喷撒。

在喷粉状态下卸去直喷管，换上长薄膜管组件（注意薄膜管上的喷粉小孔应朝地面），并用卡环箍紧即可用长薄膜管喷粉。喷粉时，需要两人协作，一人背机并掌握油门、粉门和长喷管的一端，另一人拉住另一端，然后两人等速前进，由风机气流带出的药粉就能在薄膜管的全长内，从各喷孔中喷出。采用此法喷粉，可显著提高生产率，减少药粉损失，并能使靠近风口（用直管喷粉时）的农作物免受药害和风害，适用于大面积宽幅喷撒。用于水稻喷粉时，操作人员可走在田埂上，不下水田。

2. 弥雾工作

弥雾过程如图 3-36 所示，药箱内装上送风加压组件 4、5、6，并在喷洒部分装上喷雾部件 7、8 和 12，再在弯管内侧开口处，塞上胶塞 11。弥雾是利用气压输液和高速气流雾化的原理完成的。

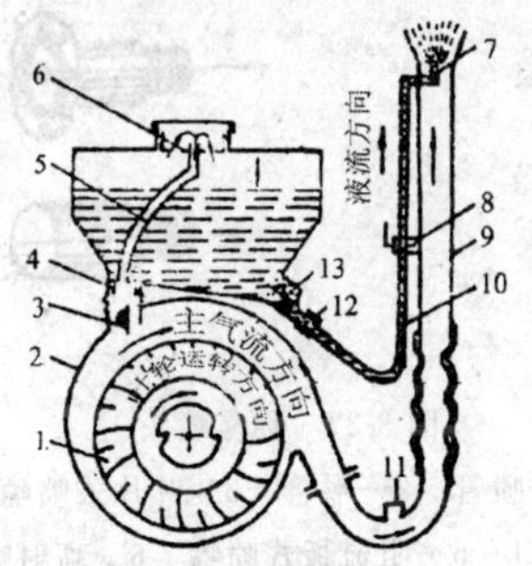

图 3-36 弥雾工作过程示意图

1—风机叶轮 2—风机外壳 3—进风阀 4—进气塞
5—增压管 6—滤网罩 7—弥雾喷头 8—药液开关 9—直喷管
10—输液管 11—胶塞 12—输液管接头 13—出药口（粉门）

离心风机工作时，在发动机带动下高速旋转（5 000r/min），产生高速气流，其中大部分经风机出口进入喷管，少部分经进风阀和送风加压组件进入药箱上部，对药液加压。加压后的药液经出液口、输液管和把手开关从喷嘴流出，流出的药液在喷管吹来的高速气流冲击下，碎裂成很细的雾滴，从喷头喷出，被高速气流载送到远方，弥散沉降到植株上。

弥雾喷头由喷管和喷嘴组成(图 3-37)，喷嘴装在喷管的喉管中央，有扭曲叶片式、阻流板式和高射式 3 种。

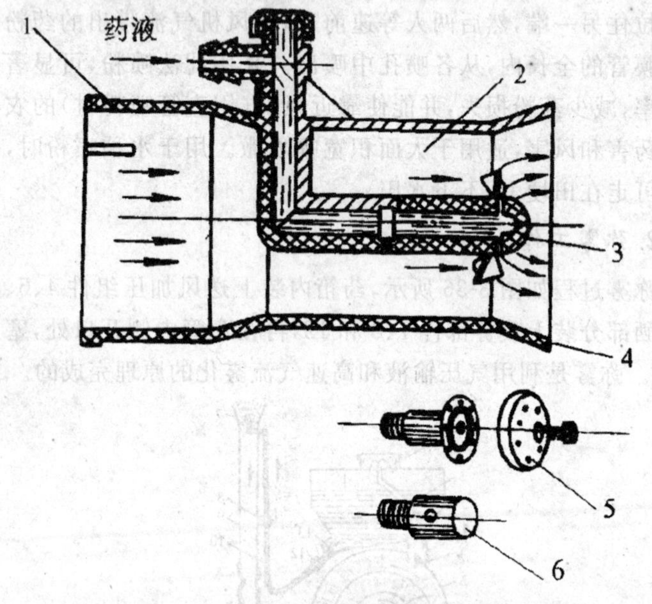

图 3-37　弥雾喷头

1—喷管　2—喉管　3—叶片式喷嘴

4—喷口　5—阻流板式喷嘴　6—高射喷嘴

3. 超低量喷雾

在弥雾装置的情况下，取下弥雾喷头和手把开关，装上超低量喷头 3 和调量开关手把(有四档调节量)，最后接上输液软管(图 3-38)，开动机器，就可喷出超低容量的极细微的雾点。

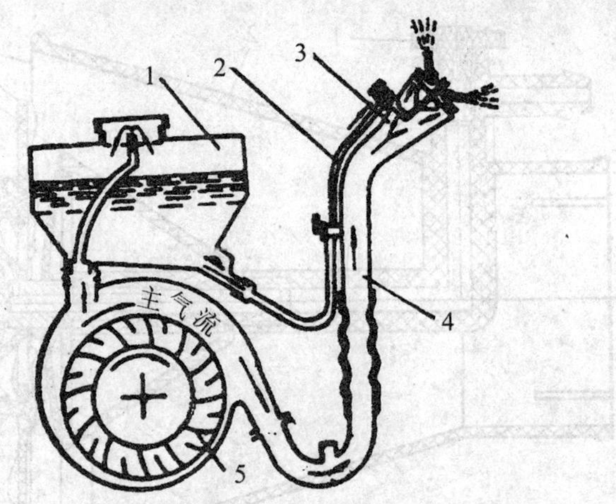

图 3-38 超低量喷雾工作过程示意图

1—药箱 2—输液管 3—超低量喷头组件

4—直喷管 5—风机

风动超低量喷头的结构如图 3-39 所示，当风机的高速气流由喷管吹向喷口时，在分流锥周围呈环状喷出，流速进一步加快，吹动驱动叶轮，使雾化盘以 10 000 r/min 的转速旋转。药箱内的药液在进入药箱的气流压力下，沿输液管经调量开关流入空心喷嘴轴，从喷嘴轴径向小孔流出，进入前、后雾化齿盘的缝隙中，在高速旋转的雾化齿盘的离心力作用下，药液从雾化齿盘边缘齿尖抛出，破碎成细小的雾粒，再由喷口吹出的高速气流吹向远方。其有效射程在无风时可达 10 m，克服了电动超低量喷头射程小的缺点。

超低量喷雾时，必须根据防治对象、作物密度和高度、温度及自然风力大小等情况，选择适当的用药量、喷嘴流量、喷行间隔和行进速度，才能得到经济而有效的防治效果。风力应以 2～3 级为宜，无风或大于 3 级风时不要使用。使用时，行进方向应与风向交叉或垂直，并顺着风向喷洒，以免药剂沾污人体。

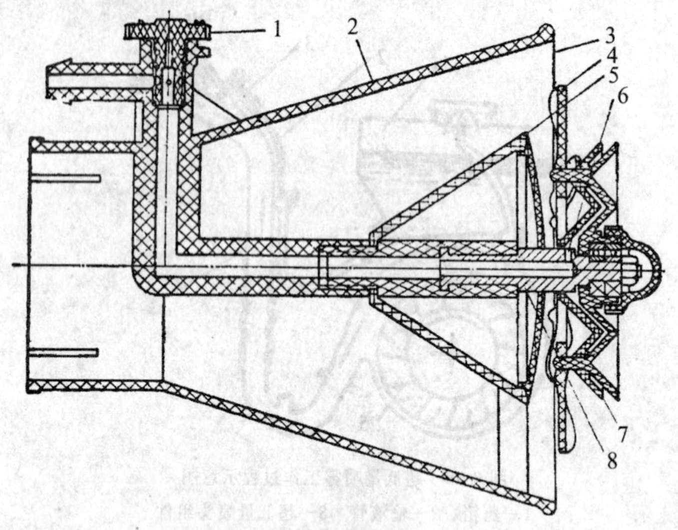

图 3-39　风动超低量喷头

1—调量开关　2—喷头　3—喷口　4—驱动叶轮

5—分流锥　6—小孔　7—齿盘组件　8—喷嘴轴

4. 喷烟工作

将汽油机排气管上的消声器取下，把喷烟器（图 3-40）装在消声器的位置上；在机架上装带有小沉淀杯的喷烟开关；将药箱的出液软管与喷烟开关的进口相连；将喷烟开关出口的软管与喷烟器输入口 7 相接，拆去弯头以上的喷管，在弯头出口处装上喷烟导风罩。

喷烟器在工作时，药箱内的烟剂经输液管、喷烟开关流到喷烟器的烟剂输入口 7，进入环形的烟剂预热管 2，再到达烟剂喷嘴 5，由于汽油机排出的高速废气流到烟剂喷嘴处造成负压，以及烟剂因预热而膨胀，使烟剂形成雾状从喷嘴 5 喷出，并与汽油机排出的废气混合，沿着管道外周的半圆隔板 3 向下盘旋运动，再从中心管道 1 的下端向上升，从烟气排出口 6 排出。风机产生的高速气流经导风罩排出，从而将喷烟器排出的烟气吹向远方的植株上。

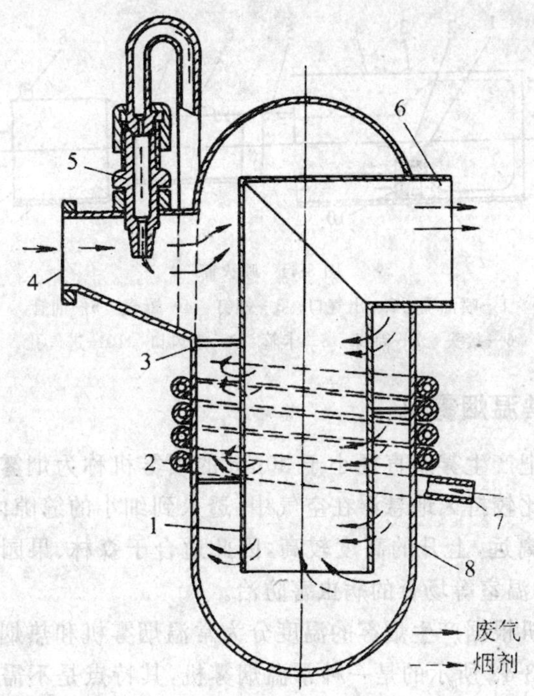

图 3-40 多用机的喷烟器

1—中心管道 2—烟剂预热管 3—半圆隔板
4—废气进口 5—烟剂喷嘴 6—烟雾排出口
7—烟剂输入口 8—喷烟器壳体

5.喷火工作

取下弥雾喷头，换成喷火筒(图 3-41)，并把喷火筒上输油软管 5 的接头 6 与手把开关的出口相连，在风机的配合下，使药箱内的燃油经软管、开关和喷火筒前端的喷油嘴 1 呈雾状喷出，并与风机送入管内的高速气流混合成混合气。以明火点燃混合气，则喷出的混合气就能持续不断地燃烧起来，形成喷火，用以除草或消毒。

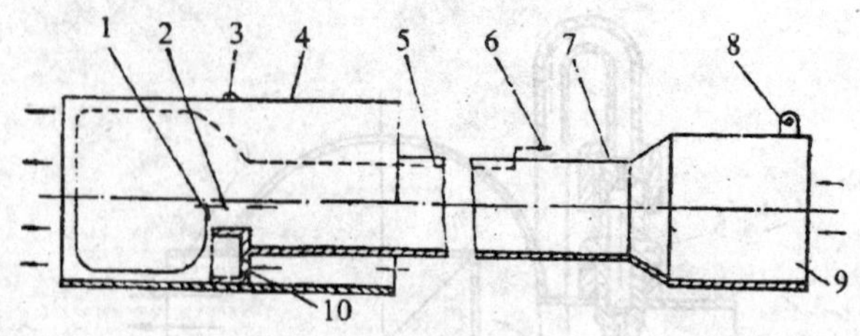

图 3-41　喷火筒

1—喷油嘴　2—出气口　3—螺钉　4—罩壳　5—油管
6—接头　7—筒身　8—卡箍　9—进风口　10—进气孔

七、常温烟雾机

一般把产生雾滴直径小于 30μm 的喷雾机称为烟雾机。由于烟雾能够比较持久地悬浮在空气中，透入到细小的缝隙内，随气流漂移的距离远，上升的高度较高，因此适合于森林、果园、仓库、畜舍、医院和温室等场合的病虫害防治。

烟雾机根据产生烟雾的温度分为常温烟雾机和热烟雾机两大类。如图 3-42 所示的是一种常温烟雾机，其特点是不需要配备供液泵，操作简单，可实现无人操纵。作业时将机具置于温室内固定

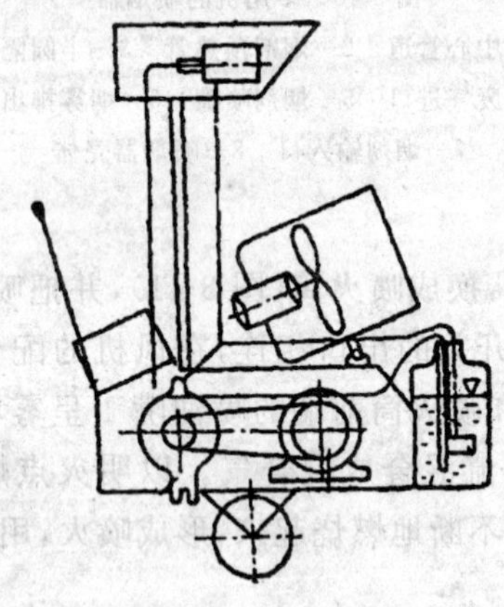

图 3-42　常温烟雾机

处，操作者无须进入室内，避免了农药对人体的危害，同时雾滴分布均匀，可弥漫到温室的每个角落。尤其在作物封行时，雾滴也能渗入，附着性好，且维护简单、耐久性好。

常温烟雾机由叶片式空压机、电机、烟剂箱、气流搅拌装置、吸液管、气力式喷头、轴流风机和进气管等组成。

常温烟雾机的工作原理是，当空气压缩机产生的压缩空气进入空气室，空气室内的压缩空气经进气管输送到喷头，在喷头中的压缩空气进入涡流室，由于压缩空气切向进入，而产生高速涡流，高速涡流一边旋转一边前进到达喷口，在排液口的前端产生负压，药液经吸液管吸入喷头体内并与高速旋转的气流混合，初步形成雾化。这种初步雾化的气液混合物，以接近声速的速度喷出。这时由电机带动轴流风机产生轴向风力，将从喷头喷出的雾滴送向靶标。

八、果园风送式喷雾机

果园风送式喷雾机是一种适用于大面积果园喷药的机具，多

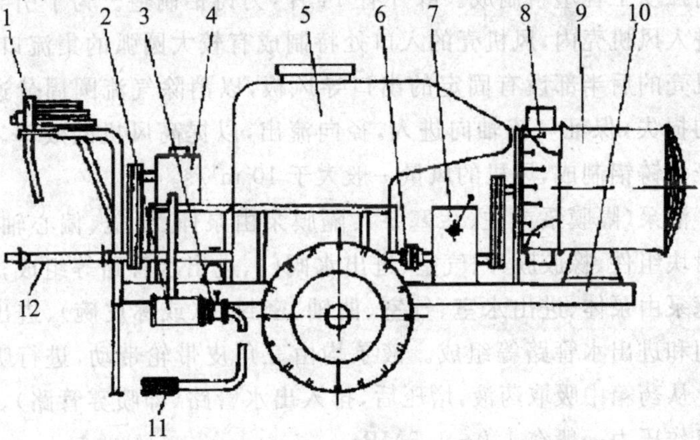

图 3-43 拖拉机牵引 3WG－1000 型风送喷雾机结构示意图

1—调压分配阀 2—过滤器 3—吸水阀 4—液泵 5—药箱 6—联轴器 7—增速箱 8—喷洒装置 9—轴流风机 10—底盘 11—吸水头 12—万向节

用中小型四轮拖拉机作动力，采用牵引或悬挂方式。不同于一般喷雾机仅靠液泵的压力使药液雾化，而是依靠风机产生强大的气流将雾滴吹送至果树的各个部位，达到防治病虫害的目的。具有射程远、喷幅大、雾滴细、效率高的特点。图 3-43 为 3WG－1000 型风送喷雾机的结构示意图。

(一)结构

果园风送式喷雾机分为动力和喷雾两部分，由药箱、轴流风机、液泵、调压分配阀、过滤器、吸水装置、增速箱、传动轴、喷洒装置和机架等组成。

药箱：多用玻璃钢制成，重量轻，耐农药腐蚀，不生锈，经久耐用。药箱底部装有 3 个安装方向不同的射流喷嘴，依靠液泵的高压水流进行药液搅拌，使药液混合均匀，不产生沉淀。

轴流风机(或离心风机)：是喷雾机的重要工作部件，其性能好坏直接影响整机喷洒质量和防治效果。风机由叶轮、叶片、导风板、风机壳和安全罩等组成。叶轮直径有 580mm，由钢板、铝合金或高强度工程塑料制成。叶片有 14 片，为铸铝制造。为了引导气流进入风机壳内，风机壳的入口处特制成有较大圆弧的集流口，在风机壳的后半部设有固定的出口导风板，以消除气流圆周分速带来的损失，保证气流轴向进入，径向流出，以提高风机的效率。风机壳为铸铝制成，风机的风量一般大于 10 m^3/s。

液泵(隔膜泵或柱、活塞泵)：隔膜泵由泵体、泵盖、偏心轴、活塞滑块组件、橡胶膜片、气室、进出水阀门、进出水管路等组成；柱、活塞泵由泵体、进出水室、气室、曲轴、密封圈(或称皮碗)、进出水阀门和进出水管路等组成。液泵均由三角皮带轮带动，进行吸排液。从药箱中吸取药液，增压后，排入出水管路(即喷雾管路)。泵的工作压力一般在 1.0～1.5MPa。

调压分配阀：调压分配阀由调压阀、总阀(开关)、分配阀和压力表等组成。调压阀可根据喷雾要求，调节工作压力，总开关控制喷雾机的启闭，分置开关可按作业要求分别控制左右侧喷管的启闭，保证喷雾机的经济运行。

过滤器：是为了减少喷头堵塞而设置的，喷雾机的泵内部和喷头的喷孔均不允许产生堵塞，因此设置过滤器很重要。一般一台喷雾机有3～4道过滤，如药箱加液口、喷头，有吸水装置的在吸水头还有一道过滤器。过滤器网的拆洗应方便，同时要有足够的过滤面积和适当的过滤孔隙。

喷洒装置：由径吹式喷嘴和左右两侧分置的弧形喷管部件组成。喷管上每侧装置喷头10只，呈扇形排列，在喷口的顶部或底部装有挡风板，以调节喷幅大小。

增速箱：是为满足高转速风机而配置的，可以把拖拉机动力输出每分钟数百转增速到每分钟数千转。增速箱由轴、齿轮和箱体等组成。

传动轴：一般称万向传动轴，它将拖拉机动力传给喷雾机的液泵和其他运动部件。该传动轴符合国家标准，使用时一定要有保护罩，以确保人身安全。

(二)工作原理

果园风送式喷雾机的工作原理是：当拖拉机驱动液泵运转时，药箱中的水，经吸水头、开关、过滤器进入液泵，然后经调压分配阀总开关的回水管及搅拌管进入药液箱，在向药箱加水的同时将农药按所需的比例加入药箱，这样就边加水边混合农药。喷雾时，药箱中的药液经出水管、过滤器与液泵的进水管进入液泵，在泵的作用下药液由泵的出水管路进入调压分配阀总开关，在总开关开启时，一部分药液经两个分置开关通过输药管进入喷洒装置的喷管中，进入喷管的具有压力的药液在喷头的作用下，以雾状喷出，并通过风机产生的强大气流，将雾滴再次进行雾化，同时将雾化后的细雾滴吹送到果树株冠层内。

九、静电喷雾机

常规喷雾法往往造成药液的流失，即使是超低量喷雾也存在雾滴飘移损失。为了提高药液在植株上的沉附能力，近年对静电喷雾进行了广泛的研究，并制成了静电喷雾机。

(一)静电喷雾的基本原理

由静电感应法可知，如果离地面不远的喷嘴具有直流高压静电，地面上的目标就会引发出和喷嘴极性相反的电荷，并在喷嘴和目标之间形成静电场，产生电力线(图 3-44)。这样，当带电雾滴从喷嘴喷出时，将受到喷嘴中同性电荷的排斥和目标异性电荷的吸引而沿着电力线奔向目标。由于电力线分布于目标的各个方向，不仅能吸附在植株的正面，也能吸附在植株的背面。喷嘴电压越高，电场强度越大，带电药粒子被吸附到植株上的作用力也就越大。

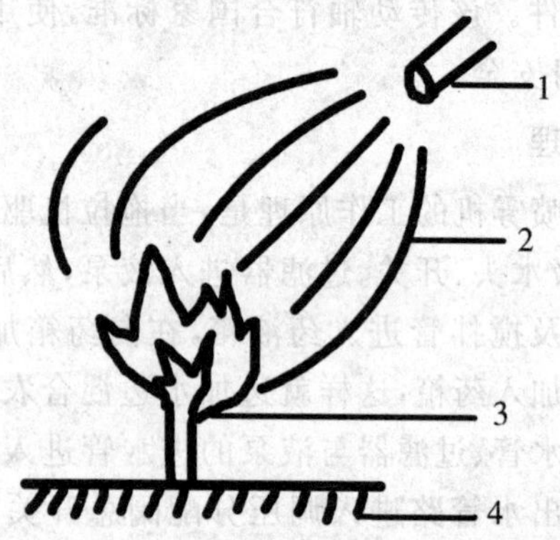

图 3-44　静电作用

1—喷头　2—雾滴运动轨迹　3—作物　4—地面

使雾滴带电的方法有电晕荷电、接触荷电和感应荷电 3 种。电晕荷电是在喷嘴出口区装一个或数个电极尖端，在尖端施加一个强静电场，产生电晕放电。适合于背负式和大型喷雾机静电喷雾。接触荷电是将高压电直接联到即将雾化的药液上，药液雾化后便带电荷。接触式荷电要求设备具有良好的绝缘性，适用于手持式和背负式喷雾机静电喷雾。感应荷电是在喷头出口处设置一个感应杯，从喷头喷出的雾滴受高强度电场作用而带电。感应荷电适应性强，可用于各种喷雾机，但结构复杂，消耗能量大，雾滴沉附能力较差。

(二)静电喷雾机

静电喷雾机可使喷头喷出的雾滴带有高压静电，自动飞附到植株上，提高雾滴的沉附效率，减少飘移损失，从而提高防治效果，节省农药和减少对环境的污染。试验表明，静电力对大雾滴的作用小，对小雾滴能够很好控制其运动轨迹，使其快速沉降在植物上，提高附着效率，减少飘移损失，因此，静电喷雾的雾滴大小应在超低量范围内。

手持式静电喷雾机主要由 12 伏低压直流电源、高压静电发生器、药液瓶、雾化齿盘、微型直流电机、滴管和手柄等组成，如图 3-45 所示。

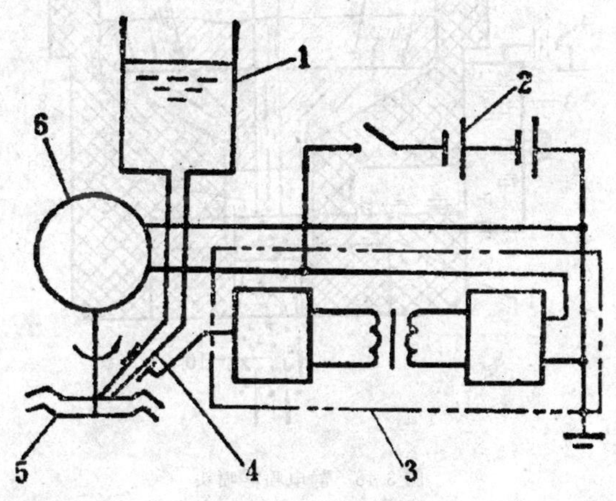

图 3-45 手持式静电喷雾机

1—药瓶 2—电源 3—静电发生器 4—滴管

5—雾化齿盘 6—微电机

高压静电发生器由晶体管直流变换器及倍压整流器等组成。晶体管直流变换器的作用是将 12V 低压直流电变成 3kV 的高频交流电。倍压整流器的作用是将 3kV 的高频交流电的电压提高 10 倍并整流，以得到 30kV 的高频直流高压静电。高压静电直接加在黄铜制成的药液滴管上。

高压静电发生器在工作时，药液经过带高压静电的滴管，从雾化齿盘甩出细小雾滴，并带有与喷嘴极性相同的电荷。由于喷嘴同性电荷的排斥和植株异性电荷的吸引，雾滴便沿电力线飞向植株，均匀牢固地吸附在植株的各个方面，农药的有效利用率达80%～90%。

国外研制成功的一种静电喷雾头，如图 3-46 所示。喷头中央为药液管，周围有倾斜的吹气管，喷头座由导电金属材料制成，它接地或与大地电位相通，从而使药液保持或接近大地电位。喷头

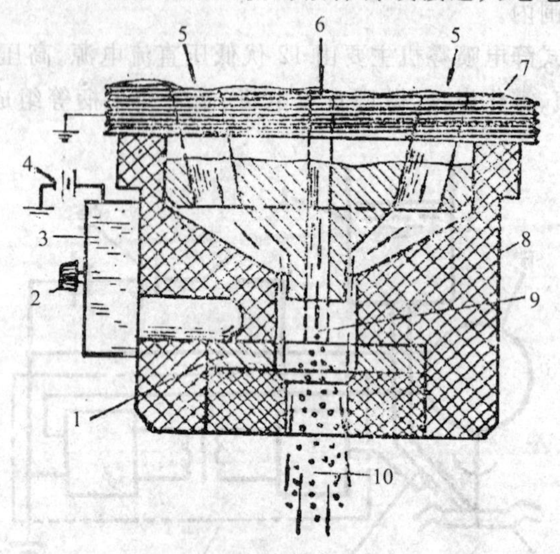

图 3-46 静电喷雾喷头

1—环形电极 2—调节器 3—高压真流电源

4—12V 直流电源 5—高压空气入口 6—高压液体入口

7—喷头座 8—壳体 9—雾滴形成区 10—雾流

壳体由绝缘材料制成，环形电极由黄铜或其他导电材料制成，埋在壳体里面，雾流通过电极中心孔喷出，在壳体上还装有高压静电发生器，这是一个微型电路，有 12V 直流电源、振荡器、变压器、整流器、调节器等。振荡器将低压直流电变成低压交流电，变压器将低压交流电变成高压交流电，整流器将高压交流电变成高压直流电并通过高压线送给环形电极，调节器用来调节高压直流电的输出电压。

静电喷雾头在工作时，压力药液从喷头座中央输管流入，同时高压气流从喷头座上的气管吹入，在雾滴形成区混合，高速气流将药液碎裂成细小的雾滴，并推动它通过环形电极中心孔后，从喷口喷出。雾滴在经过环形电极时，由静电感应而带电，成为带电的药粒子。

第四章 植保机械的使用与维护

一、3WB—16型背负式喷雾机的使用、维护与故障排除

(一)使用前的安装

装配前应按产品说明书检查各部分零件是否齐全,各接头处的垫圈是否完好,然后将各零件进行连接,并拧紧连接件,防止漏水漏气。安装时应注意以下问题:

(1)新皮碗在安装前应浸泡在机油或动物油(忌用植物油)中,浸油时间不少于24h。

(2)塞杆组件装入泵筒时,应注意将牛皮碗的一边斜放在泵筒内,然后使之旋转,将塞杆竖直,用另一只手将皮碗边沿压入泵筒内,就可顺利装入,切忌硬性塞入。

(3)装配后的总体检验

①揿动摇杆,检查吸气和排气是否正常。如果手感到有压力,而且听到有喷气声音,说明泵筒完好,这时在皮碗上加几滴机油即可使用。反之,说明皮碗已收缩变硬,应取出皮碗,放在机油或动物油中浸泡,待胀软后再装上使用。

②用清水进行试喷。在药箱内加入适量清水,操纵摇杆,检查各运动部件有无卡滞现象,各连接处有无渗漏,必要时拧紧连接件或更换垫圈;检查液流雾化是否良好。常规喷雾时,使用孔径为1.3mm或1.6mm的喷孔片;进行低量喷雾时,使用孔径为1.0mm或0.7mm的喷孔片。喷孔片的孔径大时,喷雾量较大,雾点较粗;反之,则喷雾量小,雾点细。若在喷片下面增加垫圈,则涡流室变深、雾化锥角变小、射程变远、雾点变粗。

(二)药剂准备

严格按农药使用说明书的规定配制药液:乳剂农药应先放清

水，再加入原液至规定浓度，搅拌、过滤后使用；可湿性粉剂农药应先将药粉调成糊状，然后加清水搅拌、过滤后使用。

(三)行走速度的计算

根据要求的单位面积用药量和测定出的单位时间喷药量，用下式计算出作业速度：

$$V=\frac{666\times 60\times Q_1}{1\ 000\times B\times Q}$$

式中：V——行进速度，km/h；

Q_1——单位时间喷药量，kg/min；

Q——要求的单位面积用药量，kg/亩；

B——有效喷幅，m。

若计算出的作业速度，在实际作业时难以满足，则可以通过适当改变药液浓度或更换喷头、喷孔片来调节喷药量，以调整作业速度符合人行走的实际情况。

作业时，应按规定的作业速度匀速行走，以保证单位面积上的施药量。

(四)行走路线的确定

田间作业行走路线和喷药方向是根据风向来定的，可参见图 4-1 所示。从下风向开始喷洒，一般采用梭形作业法。最好选择在无风或微风的天气作业，风速过大不能喷药。

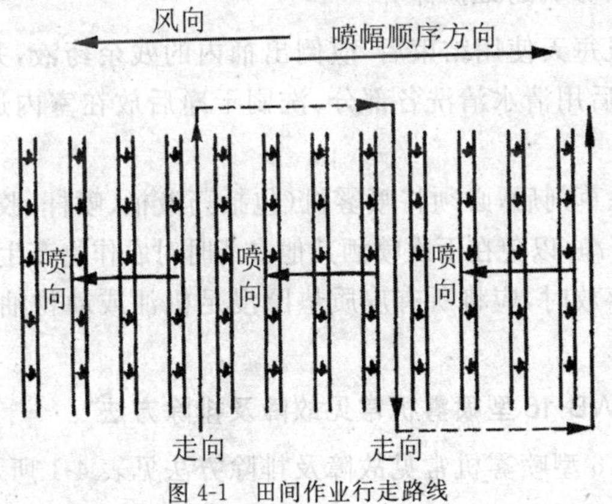

图 4-1 田间作业行走路线

（五）操作要点

（1）作业前在皮碗及摇杆轴转动处加注适量润滑油。根据操作者身高，调整药液桶背带长度。

（2）向药液桶内加注药液时，应将开关关闭，以免药液漏出，并用滤网过滤。加注药液不得超过桶壁上所示水位线位置，如果加注过多，工作中泵盖处将出现溢漏现象。加注药液后，必须盖紧桶盖，以免作业时药液漏出或晃出。

（3）背负作业时，应先揿动摇杆数次，使空气室内的气压达到工作压力（300～400kPa）后再打开开关，边喷雾边操纵摇杆。一般以每分钟揿动摇杆 18～25 次（走 2～3 步摇杆上下揿动一次），活塞行程大于 60mm 时，即可保持正常的喷雾压力。

（4）当揿动摇杆感到沉重时，便不能过分用力，以免空气室爆炸。空气室中的药液超过夹环（即安全水位线）时，应立即停止揿动摇杆。

（5）作业中，桶盖上的通气孔应保持畅通，以免药液桶内形成真空，影响药液的排出。

（6）背负作业时，不可过分弯腰，以防药液从桶盖处溢出流淌到身上。

（六）喷雾机的维护保养

喷雾机每天使用结束后，应倒出桶内的残余药液，并加少许清水喷洒，然后用清水清洗各部分，洗刷干净后放在室内通风干燥处存放。

喷洒除草剂后，必须将喷雾机（包括药液桶、喷杆、胶管和喷头）彻底清洗干净，以免在下次喷洒其他农药时对农作物产生药害。

长期存放时，应将所有皮质垫圈浸足机油或动物油，以免干缩硬化。

（七）3WB-16 型喷雾机常见故障及排除方法

3WB-16 型喷雾机常见故障及排除方法见表 4-1 所示。

表 4-1 3WB—16 型喷雾机常见故障及排除方法

故障现象	故障产生原因	排除方法
加压时，手压摇杆感到不吃力，喷雾压力不足	1. 进水球阀被污物搁起 2. 皮碗破损 3. 连接部位未装密封圈，或密封圈损坏漏气	1. 拆下进水球阀；用布清除搁起的污物 2. 更换新皮碗。新皮碗必须用油浸透再装配 3. 加装或更换密封圈
加压时，泵盖处漏水	1. 药液加得过满，超过了泵筒上的回水孔 2. 皮碗损坏，药液进入泵筒上部	1. 将药液倒出一些，使药液在药箱水位线范围内 2. 更换皮碗
喷头雾化不良	1. 喷头体的斜孔被污物堵塞 2. 喷孔堵塞 3. 套管内的滤网堵塞 4. 进水球阀小球搁起	1. 疏通斜孔 2. 拆开喷孔进行清洗，但不能使用铁丝、钢针等硬物，以免造成孔眼扩大 3. 拆开清洗滤网 4. 清除污物
开关漏水	1. 开关帽未旋紧 2. 开关芯上垫圈磨损 3. 开关芯表面油脂涂料少	1. 旋紧开关帽 2. 更换垫圈 3. 涂一层浓厚油脂
开关拧不动	放置日久或使用过久，开关芯因药剂侵蚀而黏住	拆下零件在煤油或柴油中清洗，拆卸有困难时，可在油中浸泡后再拆

二、单管喷雾机的使用、维护与故障排除

(一)单管喷雾机的使用

(1)用于喷射的药液必须事先进行过滤，以免杂质阻塞喷孔，影响防治效果。

(2)使用时，将喷雾机的底部浸入药液中，上下抽动塞杆，即可喷雾。抽动塞杆时用力应均匀适度，不应用力猛压，以避免机件因压力过大而发生脱焊、爆裂等现象。塞杆下压时，不能过分歪斜，

防止塞杆因受力不均而弯曲。

(3)使用中,如发现压紧螺丝口有漏液现象,应拧紧压紧螺丝或更换新的密封圈后,再行使用,防止药液接触人体而中毒。

(二)单管喷雾机的维护

(1)所有农药对机具都有腐蚀作用,特别是乳油制剂,腐蚀橡胶件最为严重。在工作完毕后,要立即将农药移出药液桶外,继续抽动塞杆,把空气室内的药液排除干净后,再用清水抽动清洗。对于乳油制剂,最好先用热碱水清洗后,再用清水洗净,然后拆下喷管和橡胶管,悬挂在阴凉干燥的地方,同时抽动塞杆,不断地摇动机具,在机桶和空气室内的积水倒净后存放。

(2)所有皮质垫圈在使用前后要涂上机油或动物油,避免皮圈干缩硬化。

(3)这种喷雾机不可使用硫酸铜及石灰硫磺合剂等强腐蚀性的药剂,以免机具在短期内损坏。非用不可时,在使用后立即用碱水和热清水洗净,但氨水绝对不能使用。

(三)单管喷雾机的常见故障与排除方法(表 4-2)

表 4-2 单管喷雾机的常见故障与排除方法

故障现象	故障产生原因	排除方法
压下塞杆时,药液从压紧螺丝口冒出	密封圈干缩变形或开裂损坏	将密封圈放在机油或动物油里浸透或换新件
压下塞杆时感到费力,松手后塞杆自动上升	空气室内的出水阀失去作用,铜球与阀座不密合	清洗或者更换新件
压下塞杆时,不费力,但不能喷雾	1.喷头堵塞 2.套管滤网、喷头滤网堵塞	1.拆开消洗,注意不能用铁丝等硬物捅喷孔 2.拆开清洗
各连接部分漏水	1.螺丝连接处松动 2.垫圈未放平、漏放或者破损	1.旋紧螺丝 2.更换新垫圈
开关漏水或转不动	1.开关帽下部的垫圈磨损 2.开关芯卡死	1.更换新垫圈 2.拆开开关,在煤油或柴油中清洗

三、踏板式喷雾机的使用、维护与故障排除

(一)使用时注意事项

(1)药液必须先过滤,以免杂质堵塞喷孔而影响喷雾质量。

(2)该喷雾机没有装压力表和安全装置,使用时凭感觉估计压力大小,以能正常喷雾为宜。

(3)吸水座必须淹入药液内,以免产生气隔。

(4)当中途停止喷药时,必须立即关闭开关,停止推动摇杆。

(5)不允许两人同时推动摇杆,以免超载工作,压力急速升高而使胶管破裂和损坏机具。

(二)维护保养

维护与保养的好坏直接影响到机具寿命。

(1)各注油孔和活动部分应经常加注润滑油,油杯内必须注满黄油,每天将油盖拧紧 1～2 圈。

(2)每天使用完毕,将吸液头拿出药液容器,继续推动摇杆,排出机内的剩余药液。

(3)将空气室内的药液排除干净,再用清水或碱水清洗干净。

(4)清洗后拆下喷雾胶管和喷杆,把喷雾胶管悬挂在阴凉干燥的地方。将喷杆的直通开关打开,放尽喷杆内的残液。

(5)在使用硫酸铜及石灰硫磺合剂等高度腐蚀性的药液时,使用完毕必须立即用清水、热碱水或肥皂水清洗干净后擦干,决不能使药液留存在机具内。

(6)使用完毕,在保存较长时间前用热水、清水冲洗机具内外。封闭进液接头和出液接头。在活动部分涂润滑油脂,并用纸包封,用来防尘和防腐蚀。

(7)每年秋季用完后,应拆洗、清理、检查和更换密封圈、橡胶垫、螺钉和螺母等,然后按(6)的要求封好存放。

(三)踏板式喷雾机的常见故障与排除方法(表 4-3)

表 4-3 踏板式喷雾机的常见故障与排除方法

故障现象	故障产生原因	排除方法
密封装置漏液	1.压盖松动 2.接头松动 3.密封圈损坏	1.拧紧压盖使密封圈压紧 2.紧固接头 3.更换密封圈
扳动摇杆很费力、喷孔不喷液或喷液量很少	喷头、出液胶管和出液接头的通道在某部位堵塞	按顺序检查喷头、出液胶管和出液接头的通道是否堵塞,清除堵塞物
扳动摇杆过于省力,喷液量不足,喷头不能正常工作	1.吸液头或吸液胶管堵塞 2.柱塞密封装置或吸液接头处漏液 3.球阀和阀座接触不良或球阀被杂物搁起而产生回液 4.空气室泄漏	1.检查吸液接头和吸液胶管并清除堵塞物 2.检查柱塞密封装置和接头,发现有工作性能不良者,应及时更换 3.修整球阀与阀座接触线,更换新的球阀或阀座,清洗阀体 4.将空气室内药液放出,拧紧空气室上的丝堵或出液接头。若垫圈不完整,必须予以更换
喷雾不良,雾束不呈圆锥形状	1.喷孔被污物阻塞 2.喷孔不呈圆形 3.喷孔磨损过大	1.清除喷孔中的污物 2.将喷孔修理成圆形 3.更换新的喷头片

四、手动喷粉器的使用、维护与故障排除

(一)手动喷粉器使用方法

正确、安全地使用手动喷粉器,一般应按以下几个步骤进行。

(1)选用合适的机型。了解产品有关的主要性能特点,如粉箱容量、机具净重、风量、最大喷粉量、喷粉射程等。

(2)装药粉前,应先关闭开关,以免药粉由出粉口漏入风机内部,造成积粉、结块,影响喷撒,药粉装入量要适当,最多不超过桶身总容积的 2/3。使用的药粉应干燥、无结块,药粉中应没有木屑、纸片、草根、碎石、泥块和布头等杂物。

(3)在使用前要仔细阅读产品使用说明书,了解所用手动喷粉器的主要结构、使用方法和容易发生的故障及排除方法,要特别重视使用说明书中提出的注意事项。

(4)根据使用者的身体高矮,调整背带长短至适宜,并将腰带收紧。

(5)安装好摇柄、喷撒部件后,按照桶身上箭头所指的旋转方向试摇几下,如叶轮运转灵活,无金属碰擦声和卡住现象,表明机具安装正确,否则拆下检查后重新安装。

(6)按每亩的喷药量,调节粉门开关的开度。初喷粉时,开度要小些,以后逐步加大至适当的开度。

(7)喷粉作业时,操作者应穿戴防护用具,如口罩、防风眼镜、手套等。行走方向一般应同风向垂直或者顺风前进。如果需要逆风前进时,要把喷粉管移到人体后面或者侧面喷撒,避免中毒。

(8)在清晨或夜间有露水时喷粉,应注意不让喷粉头沾着露水,以免阻碍出粉。

(9)喷粉过程中如果遇到不正常的碰击声,手柄摇不动或者特别沉重,应立即停止摇转手柄,停止喷粉,修理好再使用,切不要硬摇,以免损坏机件。摇柄不能倒摇。

(10)停止喷粉时,要先关闭出粉开关,再摇几下手柄,把风机内的药粉全部喷撒干净。

(二)丰收- 5型胸挂式手动喷粉器维护保养

(1)每次使用后应把喷粉器粉门开关关闭,拆下喷撒部件,倒出桶内残余药粉,空摇几下手柄,把残留在风机内的药粉吹尽,并用干布把残存在粉箱内外的药粉擦干净。

(2)清理工作完毕后,必须把全部零件与桶身集中在一起,存放在阴凉干燥处,以免零件散失。摇柄仍须经常旋在主轴上,避免尘土进入加油孔内,并注意不要在上面放置其他重物,以免压坏主轴。

(3)喷粉器存放较长时间不用,最好把各部分没有涂漆的零件

（包括桶身内的零件）擦上油脂或机油防锈，使用时再把油擦净。摇柄不要拆下，在保存及运输过程中，必须保护机具不受挤压，以免影响齿轮各部分零件的相互位置，发生摇不动或者异常声响。

（三）手动喷粉器的常见故障与排除方法（表4-4）

表4-4　手动喷粉器的常见故障与排除方法

故障现象	故障产生原因	排除方法
摇不动	1.药粉内含有碎石、泥块、木屑或铁钉等杂物，梗塞搅拌器、松粉盘或已进入风扇内梗住风扇叶 2.齿轮受到震荡而变形，使内部齿轮或其他零件相互间轧住 3.第六齿轮部件内毛毡垫圈可能损坏，以致药粉漏入轴承内部，与脂油腻结	1.倒出药粉，检查梗塞所在，加以清除。清除药粉中的杂物后再装上使用 2.按照齿箱结构图的拆装顺序，拆开检查修理。若零件损坏，必须配换零件，再按顺序装好后使用 3.按照风扇结构图拆开，第六齿轮部件用柴油洗净后更换新毛毡垫圈
摇柄能摇动而风扇叶不转，不能鼓风	1.第一齿轮与主轴之间销钉折断，松动而脱开 2.风扇叶与第六齿轮组件固定用的螺丝松动打滑	1.可参照齿箱结构图所指明的销钉位置，按原有的销钉孔配上同样尺寸的销钉，敲入即可 2.按照风扇结构图拆开，并将螺丝旋紧
摇柄和风扇叶都能转动，但喷不出药粉或喷出去的药粉稀薄	1.松粉盘距离开关盘过远，药粉不能输送到开关盘圆孔内 2.松粉盘沿边的四个缺口被嵌入杂物闭塞或被压平，开度不符合要求 3.药粉湿度太大，易粘结	1.将松粉盘及垫圈靠紧开关盘连接圈 2.把松粉盘拆下，将杂物清除并校正缺口，使其张开5mm左右 3.把药粉晒干、碾细后再使用
桶身门盖向下时发生漏粉现象	因门盖或桶身变形，原有门垫失去封闭作用或原有门垫失落	可加添一块厚布或绒布，然后盖紧，就可避免漏粉
开关开得最大时出粉量不足或过多	松粉盘边缘的四个缺口开口太小或太大	喷出粉量不足时，可将松粉盘边缘的四个缺口略微扳大。喷出粉量过大时，应适当调好开关或将松粉盘边缘的四个缺口略微扳小

五、担架式机动喷雾机的使用与故障排除

(一)担架式机动喷雾机的使用

以工农-36型喷雾机为例说明以下的注意事项:

1)按说明书的规定将机具组装好,保证动力机与活塞泵的皮带轮对齐、皮带的紧度合适、螺栓紧固、安装好防护罩。

2)加油时要按说明书规定的牌号向活塞泵曲轴箱内加入润滑油至规定的油位,以后每次使用前和使用中都要检查油位是否正常。检查汽油机或柴油机的油位,不足时予以加注。

3)正确选用喷洒部件和吸水滤网部件:

(1)对于水稻或邻近水源的高大作物、树木,可在截止阀前装混药器,再依次装上直径为13mm的喷雾胶管及远程喷枪。田块较大或水源较远时,可再接上1～2根胶管。在水田里吸水时,吸水滤网上要有插杆。

(2)对于施液量较少的作物,在截止阀前装上三通(不装混药器)及两根直径为8mm的喷雾胶管、喷杆、多头喷头。在容器内吸液时吸水滤网上不要装插杆。

4)启动和调试:

(1)把吸水滤网沉没于水中。

(2)将调压阀的调压轮按逆时针方向调节到较低压力的位置,再把调压手柄按顺时针方向扳足至卸压位置。

(3)启动发动机,低速运转10～15min,若见有水喷出并无异常响声,可逐渐提高至额定转速。然后将调压手柄向逆时针方向扳足至加压位置,并按顺时针方向逐步旋紧调压轮调高压力,使压力指示器指示到要求的工作压力。

(4)调压时应由低向高调整压力。因由低向高调整时压力指示器指示的数值较准确,由高向低调,指示值误差较大。利用调压阀上的调压手柄反复扳动几次,即能指示出准确的压力。

(5)用清水进行试喷,观察各接头处有无泄漏现象,喷雾状况是否良好,混药器有无吸力。

(6)混药器只有在使用远程喷枪时才能配套使用。使用前,应先进行调试,要待液泵的流量正常、吸药滤网处有吸力时,才能把吸药滤网放入事先稀释好的母液桶内进行工作。对于粉剂,母液的稀释倍数不能小于1:4(即1kg农药加水不少于4kg),太浓了会吸不进。母液应经常搅拌,以免沉淀,最好把吸药滤网缚在一根搅拌棒上,搅拌时,吸药滤网也在母液中游动,可以减少滤网的堵塞。

5)确定药液的稀释倍数。为使喷出的药液浓度能符合防治要求,必须确定母液的稀释倍数。确定母液稀释倍数的方法有查表法和测算法。

6)田间使用操作。应注意使用中液泵不可脱水运转,以免损坏胶碗。在启动和转移机具时尤需注意。

在稻田使用时,将吸水滤网插入田边的浅水层(不少于5cm)里,滤网底的圆弧部分沉入泥土,让水顺利通过滤网吸入水泵。田边有水渠供水时,可将吸水滤网放在水渠里。在果园使用时可将吸水滤网底部的插杆卸掉,将吸水滤网放在药桶里。如启动后不吸水,应立即停车检查原因。

在田间吸水时,如吸水滤网外围吸附了水草,要及时清除。

作业中转移机具路途不长时(时间不超过15min)可按下述操作,不停车转移:

(1)降低发动机转速,怠速运转。

(2)把调压阀的调压手柄往顺时针方向扳足(卸压),关闭截止阀,然后将吸水滤网从水中取出,这样可保持部分液体在泵体内部循环,胶碗仍能得到液体润滑。

(3)转移完毕后立即将吸水滤网放入水源,然后旋开截止阀,并迅速将调压手柄向逆时针方向扳足至升压位置,将发动机转速调至正常工作状态,恢复喷药。

喷枪喷药时不可直接对准作物喷射,以免损伤作物。喷近处时，应按下扩散片，使喷洒均匀。向上对高树喷洒时，操作人员应站在树冠外，向上斜喷，并注意喷洒均匀。当喷枪停止喷雾时，必须在降低液压泵压力后（可用调压手柄卸压），才可关闭截止阀，以免损坏机具。

喷雾操作人员应穿戴必要的防护用具（口罩、眼镜等），特别是操作喷枪或喷杆的操作人员。喷洒时应注意风向，应尽可能顺风喷洒，以防止中毒。

在机具的所有使用过程以及对农药使用保管中，必须严格遵守各项安全操作规程，不得马虎大意。每次开机或停机前，应将调压手柄扳在卸压位置。

(二)担架式机动喷雾机常见故障及排除方法

担架式机动喷雾机常见故障及排除方法见表 4-5 所示。

表 4-5　担架式机动喷雾机常见故障及排除方法

故障现象	故障原因	排除方法
吸不上药液或吸力不足，表现为无流量或流量不足	1.新泵或已有一段时间不用的泵，因空气在里面循环，而吸不上药液 2.吸水滤网露出液面或滤网堵塞 3.吸水管路的连接处未放密封垫圈或吸水管破裂 4.进水阀或出水阀零件磨损和损坏或被杂物卡住 5.缸筒磨损或拉毛（活塞泵），V形密封圈未压紧或损坏（柱塞泵） 6.隔膜破损（隔膜泵）	1.使调压阀处在“高压”状态，切断空气循环，并打开出水开关，排除空气 2.将吸水滤网全部浸入药液内，清除滤网上的杂物 3.加放垫圈，更换吸水管 4.更换阀门零件，清除杂物 5.更换缸筒，旋紧压环调整密封间隙 6.更换隔膜
压力调不高，出水无力	1.调压阀减压手柄未扳到底，调压弹簧被顶起，回水量过多 2.调压阀阀门与阀座间有杂物或磨损 3.调压阀的阻尼塞被污垢卡死，不能随压力变动而上下滑动	1.把调压阀减压手柄向逆时针方向扳足，再把调压轮向“高”的方向旋紧以调高压力 2.清除杂物，更换阀门与阀座 3.拆开清洗并加少量润滑油，使阻尼塞上下活动灵活

续表

故障现象	故障原因	排除方法
喷头、喷嘴雾化不良	1. 喷嘴、喷头内有杂质堵塞或喷孔磨损 2. 泵的转速过低，压力未调高 3. 进、出水阀门与阀座间有杂物，压力提不高 4. 活塞泵的活塞碗，隔膜泵的隔膜损坏 5. 吸水滤网露出液面，吸水管接头处未拧紧或吸水管路破裂，空气进入管路	1. 清除杂质或更换喷嘴 2. 提高转速，调高压力 3. 清除阀门内的杂物 4. 更换活塞碗或隔膜 5. 将吸水滤网浸入液体内，拧紧连接螺母，更换破损的吸水管
漏水漏油	1. 压力指示器的柱塞上密封圈损坏或柱塞方向装反 2. 调压阀阻尼塞上密封环损坏，套管处漏水 3. 气室座、吸水管的密封环损坏（活塞泵） 4. 山形密封圈损坏，吸水座下小孔漏水、漏油（活塞泵） 5. 曲轴油封损坏，轴承透盖处漏油 6. 螺钉未拧紧或垫片损坏，油窗处漏油	1. 更换密封圈，改变柱塞的方向（有密封环的一端向下） 2. 更换密封圈 3. 更换密封环 4. 更换山形密封圈 5. 更换油封 6. 拧紧螺钉或更换垫片
液泵运转有敲击声	1. 滚动轴承损坏 2. 连杆或曲轴因磨损而松动，偏心轮或滑块磨损（隔膜泵） 3. 连杆小端与圆柱销因磨损而松动	1. 更换轴承 2. 更换连杆或曲轴，更换偏心轮或滑块 3. 更换圆柱销或连杆
液泵升温过高	1. 润滑油量不足或牌号不对 2. 润滑油太脏	1. 按规定加足润滑油 2. 更换新润滑油
出水管振动剧烈	1. 空气室内气压不足 2. 气嘴漏气 3. 空气室隔膜破损 4. 阀门工作不正常	1. 按规定值充气 2. 更换气嘴 3. 更换隔膜 4. 修检或更换阀门

六、喷杆喷雾机的使用与故障排除

(一)机具准备与调整

1. 机具准备:喷雾前按使用说明书的要求,做好机具的准备工作,如拖拉机与喷杆、牵引部件、悬挂部件等的连接,拧紧已松动的螺钉、螺母,润滑运动部件,检查轮胎气压等。

2. 检查喷头雾流形状和喷嘴喷量:在药液箱内放入一些水,原地开动喷雾机在工作压力下喷雾,观察各喷头的雾流形状,如有明显的流线或歪斜,应更换喷嘴。然后在每一个喷头上套上一小段软塑料管,下面放上盛接容器,在预定工作压力下喷雾,用停表计时,收集在 30～120s 时间每个喷头的雾液并测定,计算出全部喷头 1min 的平均喷量。喷量高于或低于平均值 10%的喷头应更换喷嘴,以使各喷头喷雾量一致。

3. 校准喷雾机:校准的方法有几种,下面是其中一个方法。在将要喷雾的田里量出 50m,在药液箱里装上半箱水,调整好拖拉机前进速度和工作压力,在已测量的田里喷水,收集其中一个喷头在 50m 长的田里喷出的液体,用量杯测出液体的毫升数,则实际施液量 $P(ml/hm^2)$可按下式算出:

$$P=0.2qb(ml/hm^2)$$

式中:q——一个喷头在 50m 长的喷液量(ml);

b——喷头间距(m),若一行内有多个喷头时,b=作物行距(m)/每行内的喷头个数。

若实际施液量不符合要求,可用下述 3 种方法予以调节:调节喷雾压力,适用于施液量改变不大的情况下;改变拖拉机行走速度,适用于施液量变动范围小于 25%的情况;更换较大或较小喷量的喷头,适用于施液量变化范围较大时。

(二)喷杆喷雾机操作注意事项

(1)搅拌。彻底而充分地搅拌农药是喷雾机作业中的重要环节之一。加水时就应启动液泵，让液力搅拌器边加水边搅拌，水加至一半时，再边加水边加入农药，这样可提高搅拌效果。对于乳油制剂和可湿性粉剂类农药，应事先在小容器内加水混合成乳剂或糊状物后再加到存有水的药箱中，可使得搅拌更均匀。

(2)田间作业时，应保持拖拉机前进速度和工作压力稳定；行车路线要略偏向上风方向；在田头做好标记，以免造成重喷或漏喷；发现喷头有堵塞、泄漏、偏雾和线状雾等不正常情况时，应及时排除。

(3)机具运输或地块转移时，应切断万向节动器，并将喷杆折拢。

(三)喷杆式喷雾机常见故障及排除方法

喷杆式喷雾机因型号、形式及结构上的差异，常见故障也不尽相同，现将最常见的具有共性的故障及排除方法列表表示，见表4-6。

表4-6 喷杆式喷雾机常见故障及排除方法

故障现象	故障原因	排除方法
吸不上水	1.三通阀(开关)或操作手柄位置不对 2.吸水头滤网堵塞 3.吸水管严重漏气	1.扳好手柄，放在正确位置 2.清洗滤网 3.修复或更换吸水管
吸水速度慢	1.隔膜泵进出水阀门磨损或损坏 2.隔膜泵进出水阀门弹簧折断 3.吸水管路堵塞或漏气 4.吸水高度太高	1.修理或更换阀门部件 2.更换弹簧 3.清除堵塞，修复漏气处 4.降低吸水高度或换选水源
调压阀失灵或压力调不上去	1.调压弹簧损坏 2.压力表损坏	1.更换弹簧 2.更换压力表
压力表指示压力不稳或振动大，泵出水管抖动剧烈	1.空气室充气压力不足或过大 2.隔膜泵阀门损坏 3.空气室隔膜损坏	1.调整至规定压力 2.检修或更换阀门 3.更换隔膜

续表

故障现象	故障原因	排除方法
泵的油杯处窜出油水混合物	泵的隔膜损坏	更换隔膜
喷雾不均匀	1.各喷头的喷量不一致 2.喷孔磨损 3.喷头堵塞	1.调整喷量过大或过小的喷嘴或喷头片 2.更换喷嘴或喷头片 3.清除堵塞
少数喷头喷不出雾	喷孔或喷头滤网堵塞	清除堵塞物
密封部位泄漏	1.连接件松动 2.密封圈损坏	1.紧固连接件 2.更换密封圈
喷头滴漏	1.膜片式防滴阀 (1)防滴阀弹簧或膜片损坏 (2)防滴阀螺帽未拧紧 (3)阀被杂物卡住 2.球式防滴阀 (1)弹簧损坏 (2)钢球锈蚀 (3)阀座损坏或有杂物	1.膜片式防滴阀 (1)更换弹簧或膜片 (2)拧紧螺帽 (3)清除杂物 2.球式防滴阀 (1)更换弹簧 (2)清洗或更换钢球 (3)更换过滤架,清除杂物

七、东方红—18型多用机的使用、维护与故障排除

(一)使用要点

1.发动机启动前的准备工作

(1)检查各部件安装是否正确、牢固。

(2)新机器或封存的机器首先要排除缸体内封存的机油。排除的方法是:卸下火花塞,用左手拇指稍微堵住火花塞孔,然后用启动绳拉几次,将多余的机油排除。

(3)检查内燃机的压缩性能。用手转动启动轮,感觉在活塞接近上止点时转动费力,越过上止点后,曲轴能很快地自转一个角度(气缸中压缩气体迫使活塞下行),表明压缩系统正常。

(4)检查火花塞跳火情况。一般情况下,蓝火为正常。

2. 启动发动机

(1)加燃油。东方红-18 型多用机采用单缸二冲程汽油机,应加注按照规定的比例配置的机油与汽油的混合油。为了安全防火,必须在停机的状态下进行加油。

(2)打开燃油阀。

(3)将油门手柄上提 1/2～2/3。

(4)调整阻风门:冷天或第一次启动时关闭阻风门 2/3 左右;热机启动时,阻风门全开。

(5)按下加浓按钮至燃油从浮子室溢出。

(6)将启动绳按右旋方向绕在启动轮上,先缓拉几次使混合油雾进入气缸,然后平稳而迅速地拉动启动绳启动发动机。

(7)发动机启动后,将阻风门全部打开,同时调整油门,使汽油机低速运转 3～5min,待机器温度正常后再加大油门提高转速。新机器最初 4h 不要高速运转(约在 3 500r/min 即可),以便磨合。

3. 喷药作业方法

(1)喷雾作业

①将喷雾用的喷头、喷管等部件装好,使机器处于喷雾状态。

②先用清水试喷一次,以检查各处有无渗漏现象。

③检查喷药量:单位面积的喷药量取决与行走速度和单位时间喷药量的大小,计算公式如下:

$$Q=\frac{V}{A}\times 10\ 000$$

式中:Q—单位面积需要的喷药量,L/hm²;

V—药箱有效容积,L;

A—1 箱药液应喷洒的面积,m²。

可以用清水进行喷药量测试,若测得一箱药液喷洒面积与计算结果不符时,应调整行走速度或药液开关的大小,直到相符为止,以防因药量过多造成药害或药量过少达不到防治效果。

④加注药液：加药时可以不停机，但发动机要处于怠速运转状态；加注的药液必须干净，以免堵塞喷嘴；加液不要过满，以免从过滤网出气口处溢进风机壳里。

⑤背起机具，调整油门使汽油机稳定在额定转速（5 000r/min），开启药液手把开关即可开始喷雾。

⑥喷药时，严格按预定的行进速度和喷量大小进行，并保持行进速度一致，以保证喷洒均匀。严禁停留在一处喷洒，以防对植物产生药害。应使喷洒方向与前进方向垂直，并顺风喷洒，以免药液侵害操作者，行走方法一般采取梭形作业法，从下风向开始喷洒。

喷较高的树木时，应换用高速喷嘴；喷低矮作物时，可将弯管口朝下，防止药液向上飞扬。

（2）喷粉作业

①把喷粉用的部件装好。

②添粉剂：关闭出粉门和药箱进风门后加粉，粉剂应干燥，不得含有杂草、杂物和结块，加粉后旋紧药盖。可以不停车加粉，但必须使发动机处于怠速运转工况。

③打开药箱进风门，背机后将油门开大，使汽油机稳定在额定转速，调整粉门进行喷粉作业。

使用长薄膜管喷粉时，应先将薄膜管从绞车上放出，再加大油门，使薄膜管鼓起来，然后调整粉门进行喷撒。为防止喷管末端存粉，前进中应随时抖动喷管。

4. 停止运转

（1）先将喷门和药液开关闭合。

（2）减小油门，使汽油机低速运转 3～5min 后将油门全部关闭，汽油机即停止运转，然后放下机器，关闭燃油阀。

（二）安全生产

在作业过程中，必须注意防中毒、防火、防机械事故发生，尤其对防中毒应十分重视。因该机喷洒的药剂浓度较手动喷雾机大，雾粒细，田间作业不当时，机具周围会形成一片雾云，很易被吸入人体而引起中毒。

作业时，背机人应戴口罩，且要常换洗；无论是喷雾还是喷粉，都应采用顺风向喷施，避免顶风作业，禁止喷管在作业者前方以八字形摆动方式喷洒；背机时间不要过长，应3～4人轮流背负交替作业；发现有中毒症状时，应立即停止作业，及时医治。

(三)维护保养与保管

1.维护保养

每天工作完毕，应按下述内容进行维护保养：

(1)药箱内不得残存剩余药粉或药液。

(2)清理机器表面的油污和灰尘，尤其是喷粉作业时更应勤于清理。

(3)用清水洗刷药箱，尤其是橡胶件。汽油机切勿用水冲刷。

(4)检查各连接处是否有漏水和漏油现象，若有应及时排除。

(5)检查各部分螺钉是否松动、丢失，若有应及时拧紧和补齐。

(6)喷撒粉剂时，要每天清洗化油器和空气滤净器。

(7)长薄膜管内不得存粉，拆卸之前应空机运转1～2min，将长管内的残粉吹净。

(8)保养后的机器应放在干燥通风处，避免日晒，切勿靠近火。

2.保管

机器长期存放不用时，应按下述要求进行封存：

(1)汽油机按说明书规定进行封存。

(2)将机器全部拆开，清洗各零部件上的油污和灰尘。

(3)用碱水或肥皂水、清洗剂，清洗药箱、风机和输液管，然后用清水洗净。

(4)风机壳清洗干燥后，擦防锈黄油保护。

(5)各种塑料件不得长期曝晒、弯曲、挤压。所有橡胶件应仔细清洗，单独存放，避免变形。用塑料罩将其他物品盖好，放于干燥通风处。

(四)常见故障及排除方法

多用机的常见故障及排除方法见表 4-7。

表 4-7 多用机的常见故障及排除方法

故障现象	故障产生原因	排除方法
喷雾量少	1.喷头堵塞 2.开关堵塞 3.加压软管脱落或扭转成螺旋状 4.药箱破裂或药箱盖漏气 5.进风阀未打开 6.发动机转速低	1.旋下喷头清洗干净 2.拆下开关清洗转芯 3.重新安装 4.修补或更换药箱胶圈 5.打开进风阀 6.排除发动机故障,恢复发动机正常转速
输液管各接头漏液	塑料管连接处被药液泡软而松动	用铁丝扎紧或更换新管
药液进入风机	1.药液过满,从加压软管流进风机 2.进气塞损坏漏药液	1.药液不要加得过满 2.重新安装或更换新品
药箱漏水或跑粉	1.药箱盖未旋紧 2.胶圈损坏或未垫正	1. 把药箱盖放正并旋紧 2. 更换或重新装正
不出粉	1.粉过湿 2.未装吹粉管 3.吹粉管脱落或堵塞 4.粉门未打开 5.输粉管堵塞	1.不能用过湿药粉 2.装上吹粉管 3.重新安装并清除堵塞物 4.打开粉门 5.清除堵塞物
喷粉量少	1. 粉门未全开 2.药粉潮湿 3.输粉管堵塞 4.吹粉管未装上 5.发动机转速低	1.粉门全部打开 2.换用干燥粉 3.清除堵塞物 4.重新装上吹粉管 5.排除发动机故障,恢复发动机转速
叶轮擦风机壳	1.装配间隙不对 2.风机外壳变形	1.重新装配,保证正常间隙 2.修复外壳

八、果园风送式喷雾机的使用、维护与故障排除

(一)使用前的准备工作

(1)喷雾机挂接与安装。将牵引式果园喷雾机的挂钩挂在拖拉机的牵引板孔上,插好销轴并穿上开口销,然后安装万向传动轴。悬挂式或半悬挂式果园风送式喷雾机还要调整拖拉机悬挂拉杆,使它处在平衡状态,旋紧两侧铁环,以防工作时喷雾机左右摆动。

(2)检查"油、气"。拖拉机柴油要求至少够一个班次;发动机润滑油是否到油位,液泵和增速箱内的润滑油是否到油位;向发动机和喷雾机、液泵、传动系统黄油嘴加注黄油(柴油、润滑油和润滑脂使用牌号均按使用说明书);拖拉机、喷雾机轮胎充气;隔膜泵气室充气。

(3)喷量、喷幅、工作压力和风量风速调整。喷量调整:由于果树防治期不同和使用的不同农药,需要调整喷量。选择不同孔径喷头,或按需要堵塞部分喷头,以减少喷量,或装远程、大喷量的喷嘴以增加喷量和加大射程(雾滴较大)。喷幅调整:果树株高不同所需喷幅也不同,需要进行调整。调整喷洒装置排风口(喷口)处的上、下挡风板角度(减少或增大开度)。工作压力调整:适当地调整液泵的工作压力,通过提高喷雾压力,可以改善雾化状况。顺时针转动泵的调压阀,使压力增大;反之,压力减小。泵压力一般控制在1.0～1.5MPa。风量风速调整:当用于低矮果树和葡萄园喷雾时,仅需小风量和低风速作业,此时降低拖拉机发动机转速(即适当减小油门,降低风机转速)即可。

(二)使用操作方法

(1)首先将增速箱的风机拨叉分离,使风机处于非工作状态(风机不转)。

(2)将喷雾机拉至水源处(加药地点),吸水头放入水池中,接

通液泵和药液箱管路，使泵转动吸水。打开搅拌管路，在加药的同时使药箱水与药均匀混合。有的喷雾机直接由高位水池放水到药箱，而不用泵吸水。

(3)机组到地头后，要计划好机器在地里怎样走最合理、最省工，在选择作业路线时注意风向。

(4)接合变速箱风机拨叉，使风机处于工作状态。

(5)根据果树生长状态、喷雾、喷幅等条件，确定拖拉机行走速度。

(6)作业时应随时注意机组工作状态，如发现异常响声和作业不正常，应立即停车，待查出原因，排除故障后再继续作业。

(三)维护保养

(1)每班次使用前后，均要注意机组状况(包括油、气、水)和各处螺丝紧固状况，清除堵塞、沉淀物。一般每天使用结束后，要清洗药液箱、泵和管路。

(2)使用季节结束后或长期存放前，应全面清洗。松开进出水接头、液泵盖，放尽残水，避免腐蚀或过冬冻坏。放出液泵里的旧机油，用柴油清洗，更换新机油。轮胎充足气，最好用垫木架高机器使轮胎离开地面。机器应停放在干燥通风的车库内。

(四)安全注意事项

(1)万向传动轴必须有安全罩。

(2)喷雾机组严禁强行急转弯，以免损坏万向传动轴或牵引杆。

(3)特别注意拖拉机与喷雾机轮子间的固定螺母是否松动。

(4)工作中有异常现象，应停车检查。排除故障时，发动机应停止运转。

(5)地头转换时应关闭开关、不喷药，以减少药液损失和污染环境。

(6)操作人员应有必要的安全防护，以防止中毒。

(五)果园风送式喷雾机的故障诊断与排除方法

见表 4-8。

表 4-8 果园风送式喷雾机的故障诊断与排除方法

故障现象	故障产生原因	排除方法
吸不上水	1. 开关开启位置不对 2. 吸水头滤网堵塞 3. 吸水管严重漏气 4. 缺少密封圈或没放好	1. 重新校正手柄位置 2. 清除堵塞 3. 更换有破裂孔洞、老化的吸水管 4. 重装或放好密封圈
吸水速度慢	1. 泵进出水阀门磨损 2. 泵进出水阀门弹簧折断 3. 吸水管路漏气、堵塞 4. 水池水位太低，吸水困难	1. 更换阀门 2. 更换弹簧 3. 检查排除 4. 改善吸水条件
调压失灵	1. 调压阀弹簧损坏 2. 压力表损坏	1. 更换弹簧 2. 检修或更换压力表
压力表压力不稳，表针摆动大，泵出水管剧烈抖动	1. 泵气室充气压力不足或过大 2. 泵阀门损坏 3. 气室膜片损坏	1. 应充足气或放气至规定压力 2. 更换阀门 3. 更换膜片
压力调不上，出水明显减少	1. 过滤器滤网堵塞 2. 泵三角带磨损，转动打滑	1. 清除堵塞物 2. 更换三角带
喷雾不均匀或喷不出雾	1. 喷头喷孔堵塞或磨损 2. 泵不供液	1. 清理或更换喷头 2. 检查泵的工作状况或清理过滤器
隔膜泵油杯口窜出油水混合物，柱、活塞泵在出水管路出现含油混合物	1. 隔膜泵膜片破裂、损坏 2. 柱、活塞泵内密封圈损坏	1. 更换膜片 2. 更换密封圈
雾化不良	1. 液泵压力过低 2. 喷头喷孔磨损失圆	1. 调高压力 2. 更换喷头
喷幅、射程不够	1. 风机转速低 2. 风机三角带磨损、打滑	1. 加大拖拉机油门，提高发动机转速 2. 更换三角带，调整风机排风口挡风板

第五章 排灌机械的分类

水对农作物的生长发育有极其重要的作用,发展排灌机械,做到遇旱能浇、遇涝能排,是抵御旱涝灾害、确保农业生产高产稳产的有效措施。

一、灌溉的方式

灌溉是指有计划地把水输送到田间,以补充田间水分的不足,促使作物稳产高产。排水则是解决作物生长中水分过多的问题。由于我国年降水量分布很不均匀,与作物需水不一致,为了获得农业丰收,许多地区既需要灌溉,也需要排水。

灌溉的方式有地面灌溉、渗灌、喷灌和滴灌等。

1. 地面灌溉

地面灌溉是将水从沟、渠或管道送到田地表面,然后借重力作用和毛细管作用浸润土壤的一种灌溉方法,按其湿润土壤的方式可分为畦灌、沟灌和淹灌。这种传统灌溉方式使得水容易发生蒸发、深层渗漏、田间浸润不均,导致水的利用率低。

近年来,膜上灌、波涌灌和低压管道输水灌溉等地面节水灌溉技术得到研究和应用。

(1)膜上灌。它是在地膜栽培技术的基础上,将膜侧浇水改为膜上输水,通过放苗孔和膜侧缝隙渗入,给作物供水的灌溉方法。由于水流是在地膜上面输送,防止了水的深层渗漏,防止了膜间露地的过量灌溉,同时膜内的水不易蒸发,提高了水的利用率,节水效果明显。

(2)波涌灌。它是把灌溉水断续地按一定周期向灌水沟(畦)供水,逐段湿润土壤,直到水流推进到灌水沟(畦)末端为止的一种节水型地面灌溉技术。

(3)低压管道输水灌溉。它是通过管道把低压水(水压不超过0.2MPa,过大水压破坏土壤、损伤作物)输送到田间实施灌溉的技术。与明渠输水相比,可以减少水分的蒸发与渗漏。

2.渗灌

属地下暗管灌溉,主要是利用修筑在地下的专门设施,如管道、鼠洞等,将灌溉水引入田间,借毛细管作用自下而上湿润土壤耕作层的一种灌溉方法。采用管式灌溉系统时,分为输水和渗水两部分,渗水部分由埋在田间的地下管道组成,灌溉水通过这些管壁上的小孔渗入土壤,故称之为渗灌。这种灌溉方法与地面灌溉相比,其优点是:灌水质量好、节省水、并节省了渠道占地,便于机耕,多雨季节还可起到排水作用。其缺点是:地下管道易淤塞,造价高,检修较困难等。

3.喷灌

喷灌是用压力管道输水,再由喷头将水喷到空中,呈雨滴状散

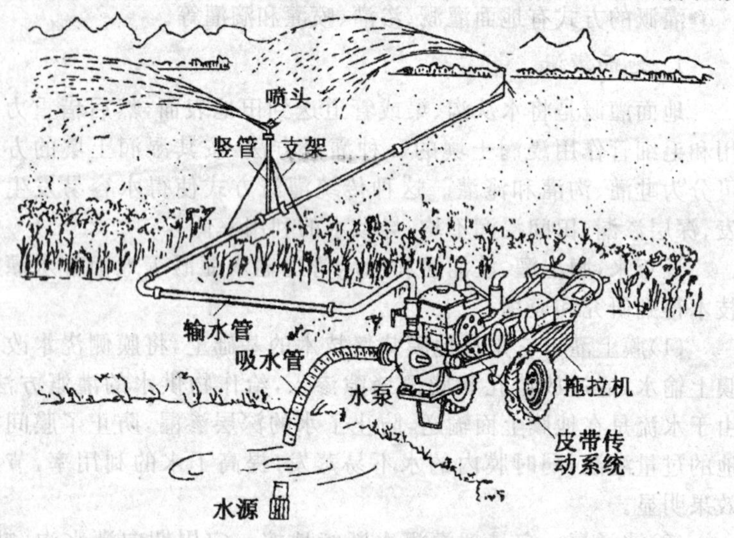

图 5-1　与手扶拖拉机配套的喷灌机

落地面，供给作物水分的一种灌溉方法。如图 5-1 所示。这种灌溉方法与传统的地面灌溉相比有省水、省工、保持土壤团粒结构、不受地形限制和有利于增产等优点，但投资较高。

4. 滴灌

滴灌是将压力水过滤，通过低压管道输送到滴头，以点滴的方式，经常而缓慢地滴入农作物根部附近，使作物主要根区的土壤经常保持最优含水状况的一种先进灌溉方法。如图 5-2 所示。滴灌与喷灌比较，有省水和利于增产等优点；与地面灌溉比较，则更容易适应不平坦地形；但还有滴头易堵塞和造价高等缺点。

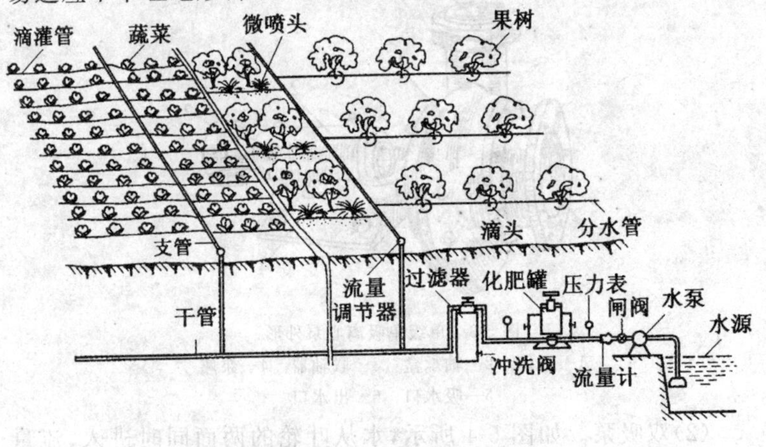

图 5-2　滴灌系统

二、水泵的种类及其特点

水泵是一种将动力机的机械能转变为水的动能、压能，从而把水输送到高处或远处的机械。在农业上主要用于灌溉和排涝，因而称为排灌机械。

农业上使用的水泵大多是叶片泵，它可以分为离心泵、轴流泵和混流泵 3 种。

(一)离心泵

离心泵的特点是流量较小而扬程较高，主要适合山区、丘陵区使用，是工农业生产上用得最广的一种水泵。离心泵可分成多种类型。

1. 按叶轮数目分

(1)单级泵。如图 5-3 所示，泵内装一个叶轮，结构简单，扬程较低。

(2)多级泵。泵内装有 2 个或 2 个以上叶轮，工作时，水流顺序通过各个叶轮，其扬程较高。

2. 按叶轮进水方式分

(1)单吸泵。如图 5-3 所示，水从叶轮的一面进入，流量较小。

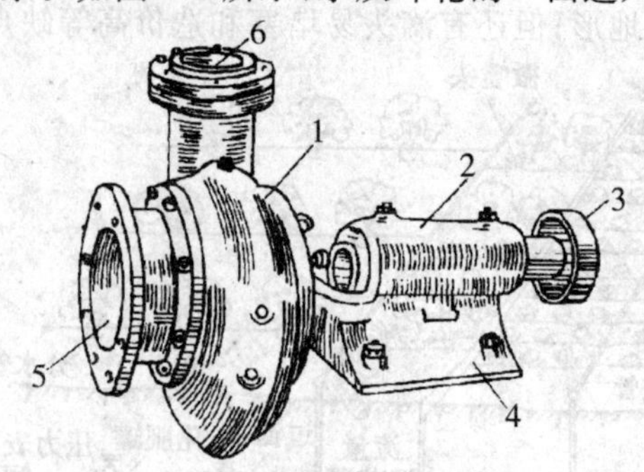

图 5-3 单级单吸离心泵外形

1—泵体 2—轴承盒 3—联轴器 4—泵座
5—吸水口 6—出水口

(2)双吸泵。如图 5-4 所示，水从叶轮的两面同时进入，流量较大。

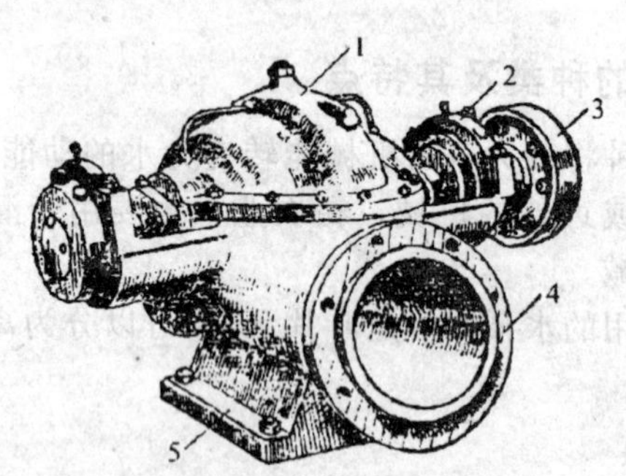

图 5-4 单级双吸离心泵外形

1—泵盖 2—轴承盒 3—联轴器 4—吸水口 5—泵座

(二)轴流泵

轴流泵的主要特点是流量大而扬程较低,适于平原河网地区使用。轴流泵可分成以下多种类型。

1. 按泵轴位置分

(1)立式轴流泵。如图 5-5 所示,泵轴与水平面垂直,目前农业上使用的轴流泵,大多属于这种类型。

(2)卧式轴流泵。泵轴与水平面平行。

(3)斜式轴流泵。泵轴与水平面成一倾斜角度。

2. 按叶轮结构分

(1)固定叶片轴流泵。叶轮的叶片与轮毂铸成一体。

(2)半调节叶片轴流泵。叶片通过螺母装于轮毂上,叶片在轮毂上的安装角度,可在停机后调整。

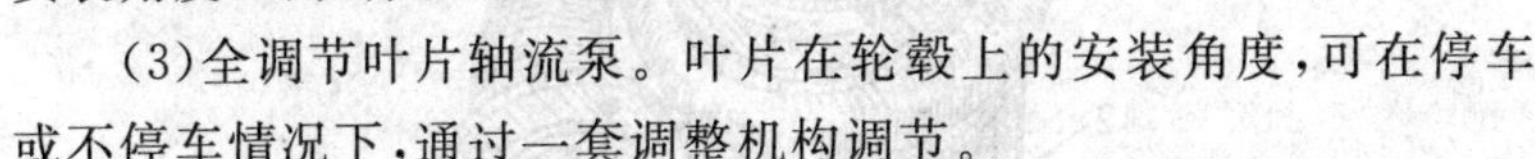

图 5-5 立式轴流泵
1—联轴器 2—泵轴 3—出水弯管
4—导叶体 5—进水喇叭

(3)全调节叶片轴流泵。叶片在轮毂上的安装角度,可在停车或不停车情况下,通过一套调整机构调节。

(三)混流泵

混流泵是介于离心泵和轴流泵之间的一种水泵。一般适于平原和丘陵区使用。混流泵可分为以下两种:

1. 蜗壳式混流泵

如图 5-6 所示,外形与离心泵相似。我国的混流泵大多属于这种类型。

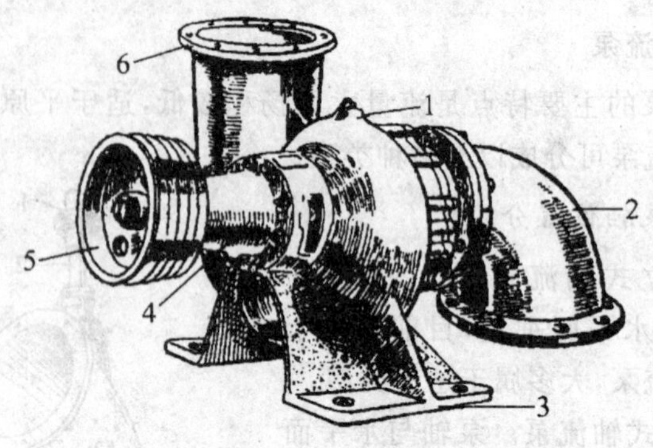

图 5-6 蜗壳式混流泵外形

1—泵体 2—进水活络弯管 3—底座

4—轴承盒 5—皮带轮 6—出水口

2. 导叶式混流泵

外形与轴流泵相似，如图 5-7 所示。

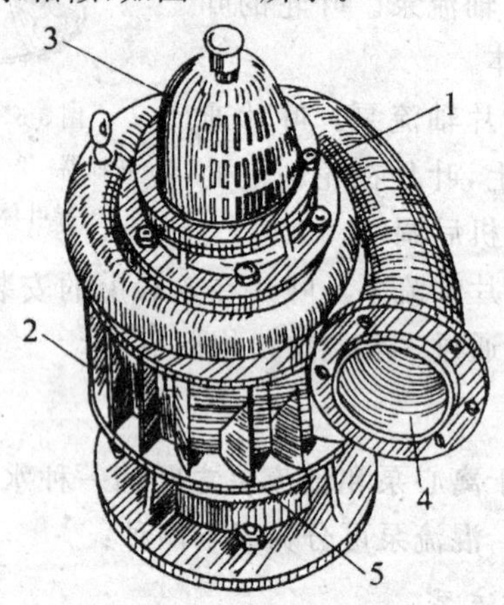

图 5-7 水轮泵外形

—水泵 2—水轮机导叶 3—进水滤网

4—出水口 5—水轮机

除上述 3 种叶片泵外，农业上还应用有以下类型的水泵。

(四)水轮泵

如图 5-8 所示,水轮泵是用上述 3 种泵之一(主要是离心泵)与水轮机联合组成的一种水力提水机械。适于山区、丘陵区等有水力资源、能获得集中水源的地方使用。

图 5-8 立式导叶式混流泵

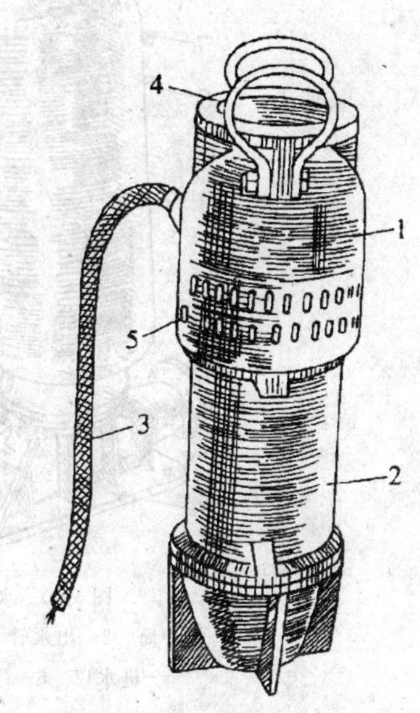

图 5-9 井用潜水泵外形

1—水泵 2—电动机 3—电缆

4—出水口 5—吸水孔

(五)潜水泵

潜水泵按照用途可分为污水潜水泵(简称潜污泵)、井用潜水泵和小型潜水泵 3 种。图 5-9 是井用潜水泵。潜水泵是一种由立式电动机和水泵(离心泵、轴流泵或混流泵)组成的提水机械。整个机组潜入水中工作。

(六)水锤泵

如图 5-10 所示,水锤泵是利用水锤原理设计的一种水力提水机械。其特点是结构简单,使用方便,但出水量小,对水源水量的利用率低。适合于山区、丘陵区等有水力资源的地方使用。

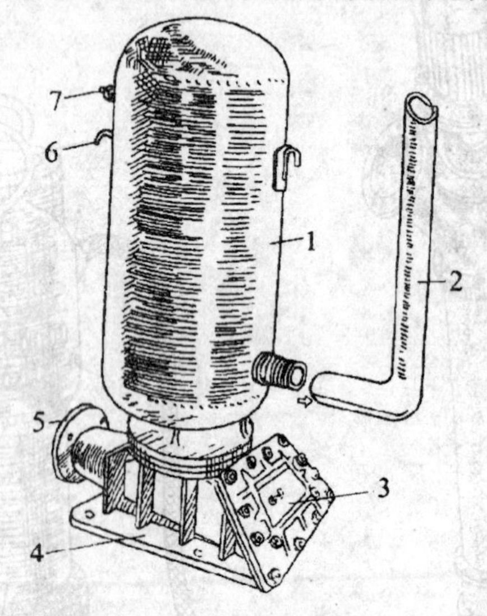

图 5-10 水锤泵外形

1—缓冲筒 2—出水管 3—排水口 4—泵座
5—进水口 6—吊环 7—测压孔

第六章　农用水泵的构造与工作原理

一、离心泵

(一)单级单吸离心泵的构造

属于单级单吸离心泵类型的主要有 IS 型泵。IS 型泵的构造如图 6-1,主要由泵体、叶轮、轴封装置、泵轴、轴承和托架等组成。

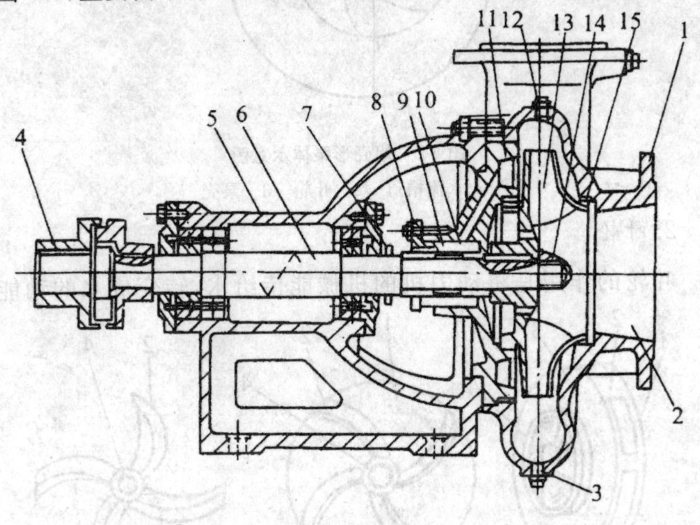

图 6-1　IS 型泵构造

1—泵体　2—进水口　3—放水螺塞　4—联轴器　5—托架　6—泵轴　7—挡水圈　8—填料压盖　9—填料　10—水封环　11—后盖　12—放气螺塞　13—叶轮　14—叶轮螺母和锁片　15—减漏环

1. 泵体

泵体的作用是汇集由叶轮甩出的水并导向出水管，降低水流速度使部分动能转化成压能。泵体一般用铸铁制成，离心泵的泵体流道为蜗壳形，如图 6-2 所示。

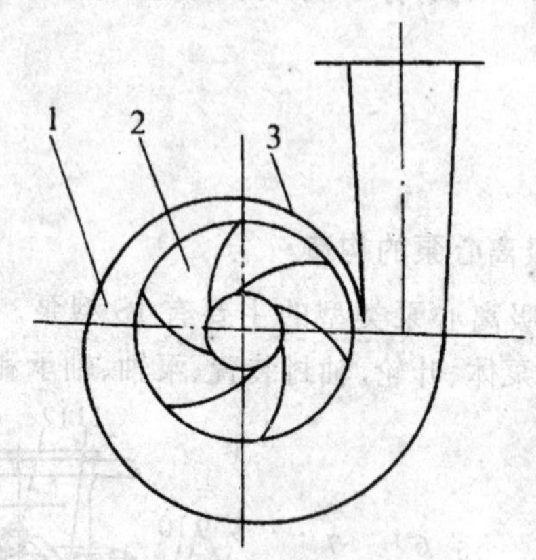

图 6-2　蜗壳形泵体示意图

1—水流槽道　2—叶轮　3—泵壳

2. 叶轮

叶轮的作用是将动力机的机械能传给水，转变成水的动能和

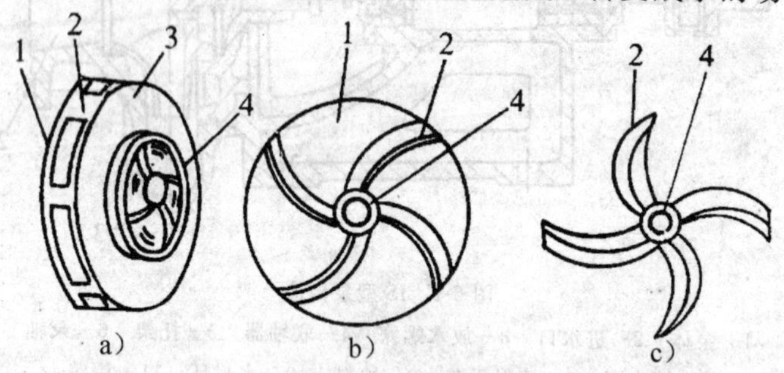

图 6-3　离心泵叶轮的种类

a)封闭式　b)半封闭式　c)敞开式

1—后盖板　2—叶片　3—前盖板　4—轮毂

压能，是决定水泵性能好坏的一个最主要的零件。离心泵的叶轮一般用铸铁制成，有些小型泵叶轮采用塑料制造。用于抽清水的叶轮采用封闭式，抽含有杂质液体的叶轮采用半封闭式或敞开式，如图 6-3 所示。

3. 轴封装置

轴封装置的作用是密封泵轴穿出泵壳处的间隙，防止空气进入泵内和阻止压力水从泵内大量泄漏出来。农用泵的轴封装置有填料密封、黄油密封、骨架橡胶密封和机械密封等。

填料密封装置：该装置由填料箱、填料、水封环、填料压盖和挡套等组成(图 6-4)。填料箱对于后开门的水泵是后盖的一部分，对于前开门的水泵是泵体的一部分。填料一般采用浸透石墨或黄油的石棉绳，断面呈方形，装于填料箱内的泵轴或轴套上。水封环为一中部有凹槽、周围钻有小孔的金属或塑料圆环，一般装于填料的中部并对准泵后盖(或泵体)压力水的通道口，以便引入压力水，起润滑和冷却泵轴的作用。填料压盖用于调节填料的松紧程度，根据经验，一般从填料箱内每分钟滴 30～50 滴水为适宜。

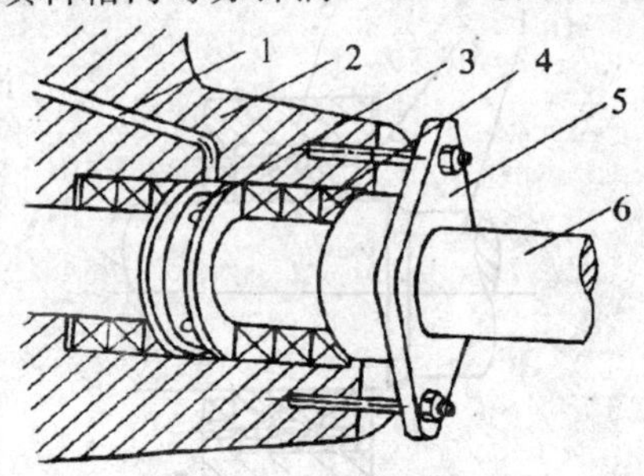

图 6-4 水泵填料密封装置

1—引水沟 2—填料室 3—水封环

4—填料 5—填料压盖 6—泵轴

黄油密封：如图 6-5 所示，为黄油密封结构示意图。通过黄油杯 2 给槽形轴套 4 压入适量的黄油，在轴套 4 与填料箱 1 间形成油环，起到密封作用。为了防止黄油漏出和吸入泵内，在轴套两端各加 1～2 圈石棉填料 5。黄油密封具有加注方便并能润滑泵轴的优点,减小了摩擦损失,避免了更换填料的麻烦。但由于黄油遇水后易变稀,而被吸入泵内和被水冲走,所以需要经常加注,否则将失去密封作用。

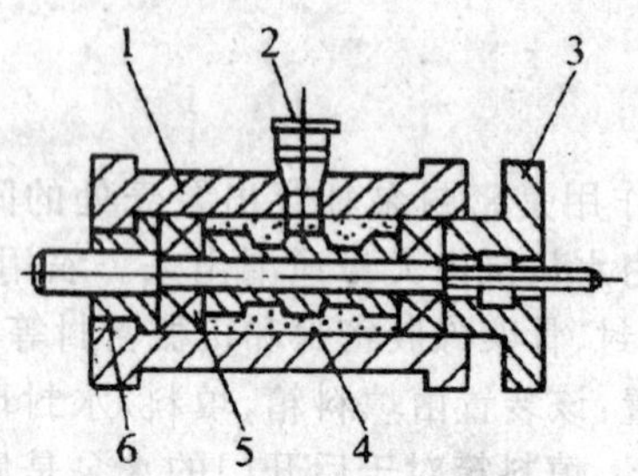

图 6-5 黄油密封结构示意图

1—填料箱 2—黄油杯 3—填料压盖

4—槽形轴套 5—填料 6—填料套

骨架橡胶密封:该密封装置结构简单(图 6-6),体积小,可缩短泵轴尺寸,密封效果也较好,但对泵轴精度和安装要求则较高,且寿命也较短,所以小型泵用得较多,大型泵则少用。

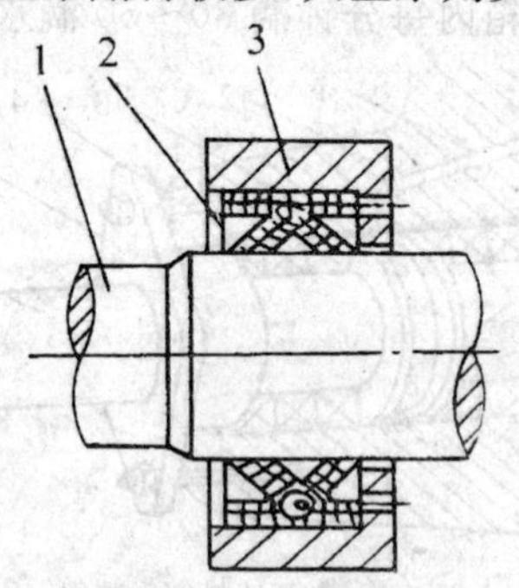

图 6-6 有骨架的橡胶密封装置

1—泵轴 2—密封圈 3—外壳

机械密封:机械密封的构造如图 6-7 和图 6-8 所示。由于机械密封是端面密封,磨损后能自动补偿,故密封性能好,使用寿命长,但结构复杂、成本高,安装也麻烦。常用于密封要求高的潜水电泵和自吸泵。

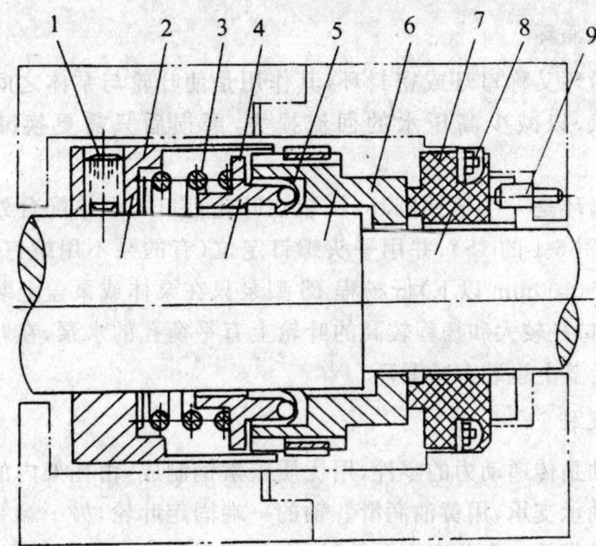

图 6-7 单端面机械密封

1—紧定螺钉 2—传动座 3—弹簧 4—推环 5—动环密封圈 6—动环 7—静环 8—静环密封圈 9—防转销

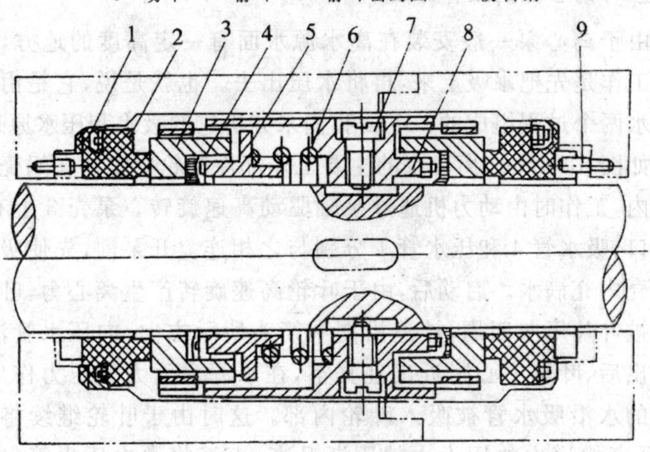

图 6-8 双端面机械密封

1—静环密封圈 2—静环 3—动环 4—动环密封圈 5—推环 6—弹簧 7—紧定螺钉 8—传动座 9—防转销

4.减漏环

减漏环又称口环或密封环，其作用是使叶轮与泵体之间保持较小间隙，以减少高压水的回流损失，磨损后只需更换减漏环即可。

减漏环是一个铸铁圆环，压装在叶轮进口与泵体配合处的泵体上（见图 6-1 的 15），并用平头螺钉定位（有的泵不用螺钉）。一般小口径（100mm 以下）低扬程 IS 型泵只在泵体或泵盖上装有减漏环，但口径较大和扬程较高的叶轮上有平衡孔的水泵，在叶轮配合处的后盖上也装有减漏环。

5.泵轴

泵轴是传递动力的零件，用优质碳素钢制成，由托架内的单列向心球轴承支承，用黄油润滑。轴的一端固定叶轮，另一端装有联轴器或皮带轮。有些离心泵的轴，在与填料配合处装有轴套，以免泵轴磨损。

(二)离心泵的工作原理

由于离心泵一般安装在离水源水面有一定高度的地方，因此它的工作是先把水吸上来，再将水压出去。也就是说，它是由吸水和压水两个过程组成的。下面我们来分析它的吸水和压水原理。

如图 6-9 所示，离心泵的主要工作部件叶轮 2 安装在蜗壳形泵壳 3 内，工作时由动力机通过泵轴驱动高速旋转。泵壳 3 上有进、出水口，吸水管 4 和压水管 1 分别与之相连。开泵前，先使吸水管和泵壳内充满水。启动后，由于叶轮高速旋转产生离心力，叶轮里的水被叶片甩向四周，被迫沿图中箭头所示方向，向压水管流动。水甩出后，叶轮中心附近出现真空，在水源水面大气压力作用下，水源的水沿吸水管被吸入叶轮内部。这时由于叶轮继续将水甩出，泵壳槽道内的压力也就逐渐升高，直至将水由压水管出口压出。如此循环工作，水泵不断吸水、压水，水源的水就被源源不断地输送到高处。

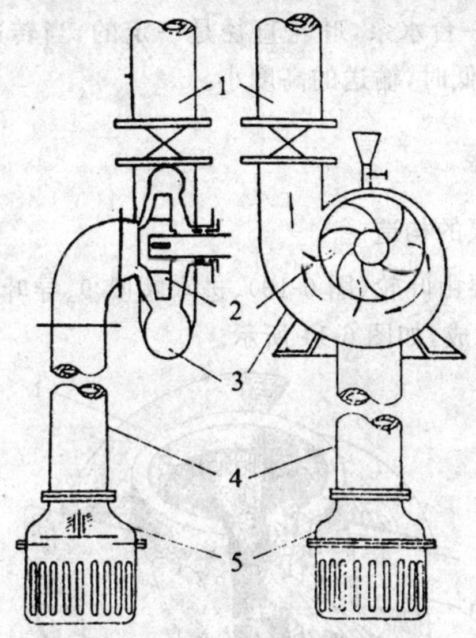

图 6-9 离心泵工作原理

1—压水管 2—叶轮 3—泵壳 4—吸水管 5—底阀

由于离心泵靠大气压力和泵内压力差吸水，我们可以得出以下结论：

1)在叶轮高于水源水面工作（即具有吸程）情况下，离心泵启动前，必须先向泵内（包括吸水管）灌水，或用真空泵抽气，以排除空气，否则因叶轮中心处形成的低压与大气压力之间的压力差，不足以吸入水源中的水，因而达不到抽水的目的。同时泵壳和吸水管必须严格密封，不得漏气和积聚空气。

2)叶轮中心处的压力越低，水泵吸水的高度越大。由于大气压力值为 98kPa，约相当 10m 水柱高，而叶轮中心处的压力不可能降为零，再加上进水管路的损失等因素的影响，一般离心泵的最大吸水高度只能达到 8m 左右，并且与当地海拔高度有关。

3)水流输送高度的大小，与泵内水流压力的大小有关，而压力的大小与叶轮的直径和旋转速度有关。在一定的转速条件下，叶轮直径越大，泵内产生的压力越大，水流输送的高度就越高；反之则低。对于同一台水泵，叶轮直径是一定的，当转速高时，输送的高度大；当转速低时，输送的高度小。

二、轴流泵

(一)轴流泵的构造

轴流泵主要由叶轮(图 6-10)、进水喇叭 9、导叶体 6、出水弯管 5 和泵轴 4 等组成，如图 6-11 所示。

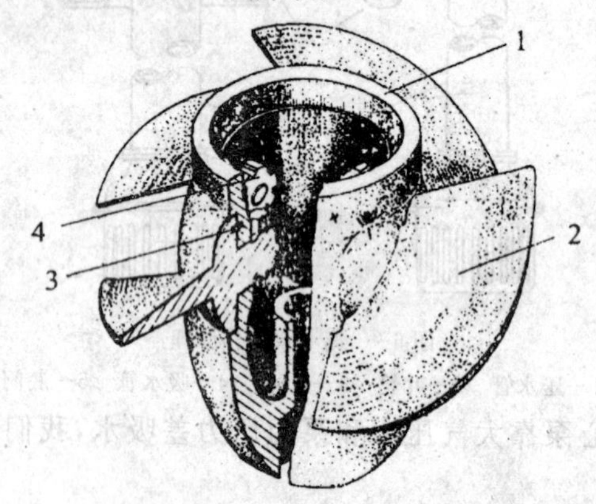

图 6-10 轴流泵的叶轮

1—轮毂 2—叶片 3—短销 4—叶片螺帽

进水喇叭 9 装于水泵下部，作用是以最小的进水阻力引导水流进入叶轮。导叶体 6 位于叶轮上方，其内铸有 6～12 片导叶，起消除水流出叶轮时的旋转运动的作用。导叶体上端逐渐扩大，能使水流速度降低，以减少水力损失，提高压力。出水弯管 5 装于导叶体上方，用以改变水流方向。在出水弯管和导叶体中间穿过泵轴的地方，各装有一只橡胶轴承，工作中用水润滑，它由橡胶浇铸在铸铁制的外壳内(图 6-12)，为了减少摩擦，加强润滑，其内孔做成多边形，并使各角处构成圆弧形的槽道，以便水流进入。由于出水弯管处的泵轴一般高出水面，因此在填料室处配有一根短管 2(图 6-11)，以备启动时用人工注入清水润滑。

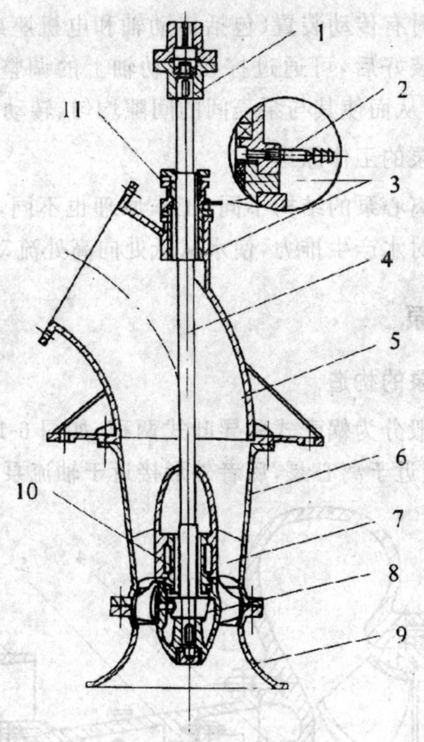

图 6-11　轴流泵构造

1—联轴器　2—短管　3、10—橡胶导轴承　4—泵轴

5—出水弯管　6—导叶体　7—导叶　8—叶轮　9—进水喇叭　11—填料

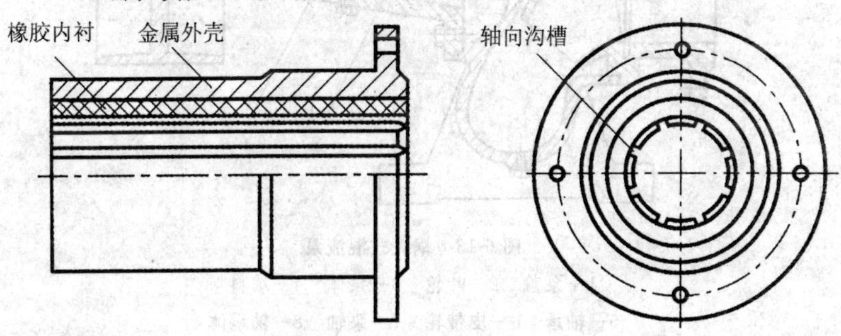

图 6-12　橡胶导轴承

轴流泵同时有传动装置(包括传动轴和电机座或皮带轮座)随机供应。在安装好后,可通过拧在传动轴上的调整螺母来调节叶轮的正确位置,从而使其与泵壳间的间隙均匀、转动灵活。

(二)轴流泵的工作原理

轴流泵与离心泵的结构不同,工作原理也不同,它是利用叶轮在旋转时叶片对水产生推力,使水从低处向高处流动。

三、混流泵

(一)混流泵的构造

混流泵一般分为蜗壳式和导叶式两种,如图 6-13 和图 6-14 所示,前者外形接近于离心泵,后者外形接近于轴流泵。

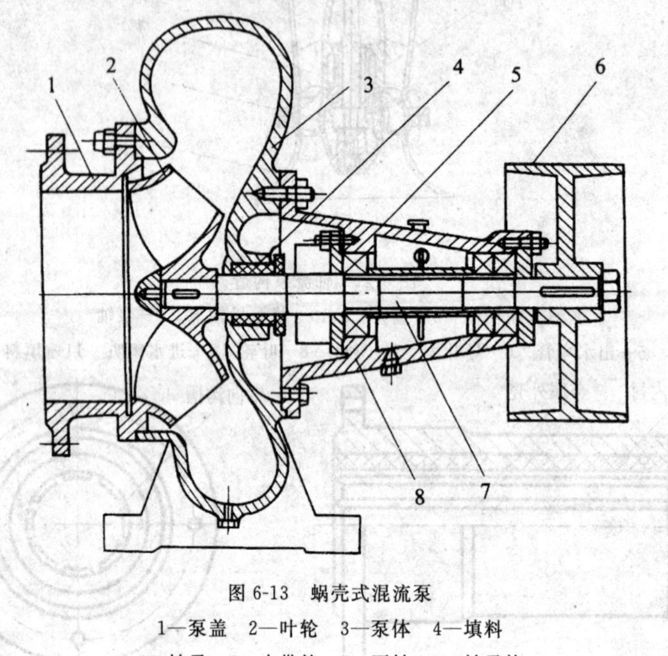

图 6-13 蜗壳式混流泵

1—泵盖 2—叶轮 3—泵体 4—填料

5—轴承 6—皮带轮 7—泵轴 8—轴承体

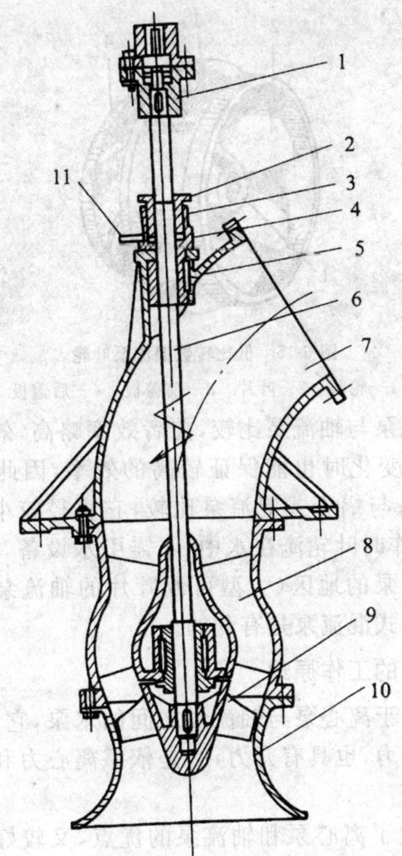

图 6-14 导叶式混流泵

1—刚性联轴器 2—填料压盖 3—填料 4—填料箱
5—橡胶轴承 6—泵轴 7—出水弯管
8—导叶体 9—叶轮 10—进水喇叭 11—短管

我国目前大多数采用蜗壳式混流泵。其构造近似单吸离心泵，主要区别是叶轮：高比转数混流泵的叶轮与轴流泵叶轮相似，是敞开式，叶片也有制成可调节的；低比转数混流泵叶轮是封闭式，与单吸离心泵叶轮相似，但流道较宽，叶片出口倾斜（图 6-15）。

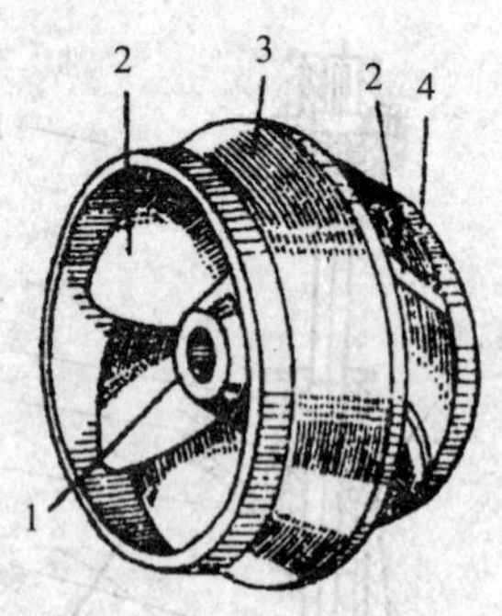

图 6-15　低比转数混流泵叶轮

1—轮毂　2—叶片　3—前盖板　4—后盖板

导叶式混流泵与轴流泵比较，前者效率略高，效率特性曲线比较平坦，即水位变化时也能保证较高的效率，因此很适于农田排灌，并节省动力；与蜗壳式混流泵比较，它直径较小。立式结构导叶式混流泵，工作时叶轮淹在水中，不需引水设备，占地面积也小，所以在使用轴流泵的地区（大型可调叶片的轴流泵除外），代之以适当型号的导叶式混流泵是有利的。

(二)混流泵的工作原理

混流泵是介于离心泵与轴流泵之间的水泵，它的叶轮旋转时，对水既具有离心力，也具有升力，它是依靠离心力和升力的综合作用输水的。

混流泵吸收了离心泵和轴流泵的优点，又较好地克服了这两种泵的缺点，是一种较理想的泵型，很适合在农业上使用。

四、潜水泵

潜水泵的电动机装在叶轮的下面，叶轮装在电机轴的延伸端部，有单级（只有 1 个叶轮）和多级（有 2 个或 2 个以上叶轮）之分，多级潜水泵可用于深井抽水。因水泵和电机潜入水中，没有吸水管和底阀等部件，故水力损失少。同时启动前不用灌水，操作简便。

由于潜水泵结构简单，耗材少，使用维修方便，所以多级潜水泵被广泛使用。

(一) 典型结构

如图 6-16 所示，为 QS 型潜水电泵结构图（Q 表示潜水电泵，S 表示电动机为充水湿式）。

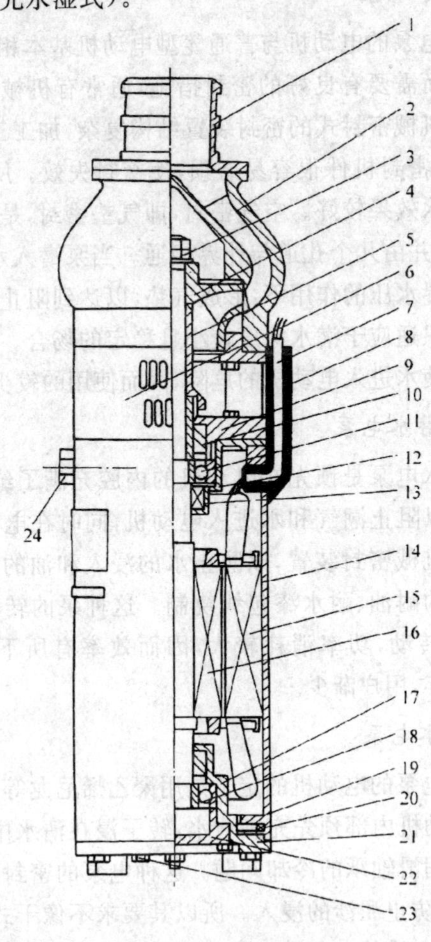

图 6-16 QS 型潜水电泵

1—出水接头 2—导叶体 3—螺母 4—叶轮 5—甩沙器 6—滤网 7—电缆 8—护套 9—进水节 10—轴套 11—轴承Ⅰ 12—上轴承座 13—油封 14—机壳 15—定子 16—转子 17—下轴承座 18—轴承Ⅱ 19—挡圈 20—卡簧 21—下轴承座 22—轴承端盖 23—放水螺栓 24—注水螺栓

由于潜水电泵是在水下工作，因而对电动机有特殊要求，根据电动机防水技术措施的不同又分为干式、湿式和充油式三类。

1. 干式潜水电泵

干式潜水电泵的电动机与普通笼型电动机基本相同，要求干燥、防水、防潮，因而需要有良好的密封措施，通常有机械密封和空气密封两种类型。机械密封式的密封装置结构复杂，加工工艺要求高，若水中含有泥沙，密封机件很容易磨损，使密封失效。所以，用于抽送不含泥沙的清水效果较好。空气密封，即气垫密封，是在电动机下端有一个气封室，并由几个孔道与外界相通。当泵潜入水中时，气封室内的空气在外界水压的作用下，形成气垫，以达到阻止水进入电动机的目的。因而只适应于潜水深度较小且稳定的场合。气垫密封存在着空气溶解而使水进入电动机的危险，因而使用的较少。

2. 充油式潜水电泵

充油式潜水电泵是预先在电动机的内腔充满了绝缘油（变压器油或锭子油），以阻止潮气和水进入电动机，同时在电动机轴的伸出端设置良好的机械密封装置，以防止水的浸入和油的外泄。定子绕组用加强绝缘的耐油、耐水漆包线绕制。这种泵的转子由于在粘滞性较大的油中转动，功率消耗较大，因而效率有所下降，一般下降3%～5%。近年，用户渐少。

3. 湿式潜水电泵

湿式潜水电泵的电动机的定子是用聚乙烯尼龙等防水绝缘导线绕制而成。电动机内部预先充满清水，转子浸在清水中，用以解决电机绕组以及水润滑轴承的冷却问题。这种电泵的密封装置结构较为简单，主要用于防止泥沙的浸入。所以其要求不像干式、充油式那样严格，便于制造和维修。但这种泵对电动机的定子绕组所用导线以及水润滑轴承所用材料均有较高的要求，并且还要考虑部件的防锈蚀问题。

我国近几年生产的农用潜水泵大部分为湿式潜水泵。其结构基本上是上部为水泵部分，下部为电动机，中间有联轴器。水泵多为离心泵或混流泵，采用水润滑轴承。在压水室的上方有一止回阀，以防停机时，管内水倒流引起电机高速反转。

电机动力输出端的轴承是导向轴承，后端是推力轴承，均为水润滑轴承，电动机下端装有调压膜，以调节泵内水温上升时的胀缩压差，在电动机上端装有防沙机构甩沙盘，以防泥沙进入电机内部。

(二)工作原理

潜水电泵的工作原理与离心泵和混流泵是相同的，只是潜水电泵是潜入水中进行工作，因而不需要向叶轮里面灌引水。

五、自吸离心泵

(一)结构特点

自吸离心泵是在单级单吸式离心泵的基础上改进设计而成的。其结构特点是：将单级单吸泵的进水口位置抬高，构成一个贮水室，同时，在泵的出水口设置气水分离室和回流孔道。

自吸离心泵按气、水混合的位置分为内混式与外混式。外混式自吸泵按水回流的方向，又可分为径向回流和轴向回流两种。

1. 内混式自吸泵

内混式自吸泵从气水分离室回流的水经回流孔进入叶轮进水口或内部与空气混合。

2. 轴向回流外混式自吸泵

回流孔设于气水分离室的底部，与蜗壳室的下部相通，脱气后的水经轴向回流孔进入蜗壳室内，在叶轮的外缘与空气混合。

3. 径向回流外混式自吸泵

将蜗壳室出水流速扩大并用类似蜗壳的隔板分成内、外流道。脱气后的水沿外流道回到蜗室下部，在叶轮外缘与空气混合。

(二)工作原理

自吸离心泵首次启动时,先从排气口给气水分离室注满水,水泵启动后,叶轮旋转将叶槽中的水甩向叶轮的外围,此时叶轮中心形成真空度,将进水管内的空气吸入贮水室,并与叶轮外缘流动的水混合,形成泡沫状的混合物。此气水混合物进入容积扩大的气水分离室后,流速降低,水中的空气便分离出来,经单向阀溢出(此时单向阀处于打开状态)。脱气后的水则沿外流道回到涡流室下部,在叶轮外缘再与吸进的空气混合。如此反复循环,将进水管内的空气抽走而完成自吸过程。当空气排尽后,气水分离室充满压力水,单向阀在压力水的作用下关闭,压力水经出水管输出,进入正常工作状态。

自吸泵不用底阀,只需向贮水室内灌满水即可自吸。机组停车后,因贮水室内已有存水,再次启动就不必再灌水。这种泵多用于植保机械和喷灌机上,如图 6-17 所示。

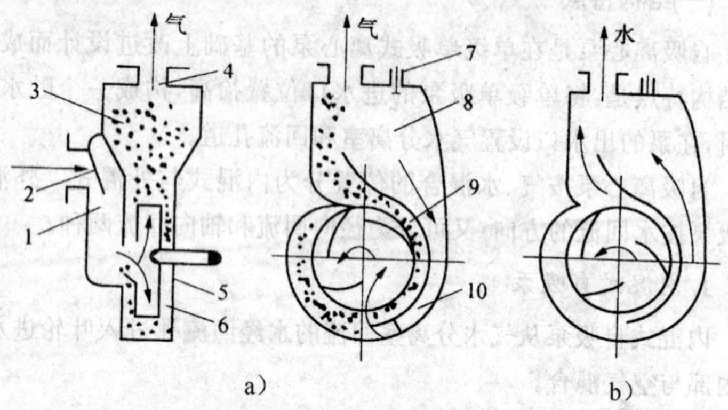

图 6-17 径向回流外混式自吸离心泵原理图

a)自吸过程 b)工作过程

1—贮水室 2—吸水阀 3—气水混合物

4—出水口 5—叶轮 6—涡轮 7—单向阀

8—气水分离室 9—内流道 10—外流道

第七章　水泵的选型

一、水泵的性能参数

在每一台水泵上，都有一块牌子，上面注明一些数据，这些数据叫做水泵的性能参数，这块牌子叫做水泵的铭牌。图 7-1 为轴流泵和离心泵的铭牌。

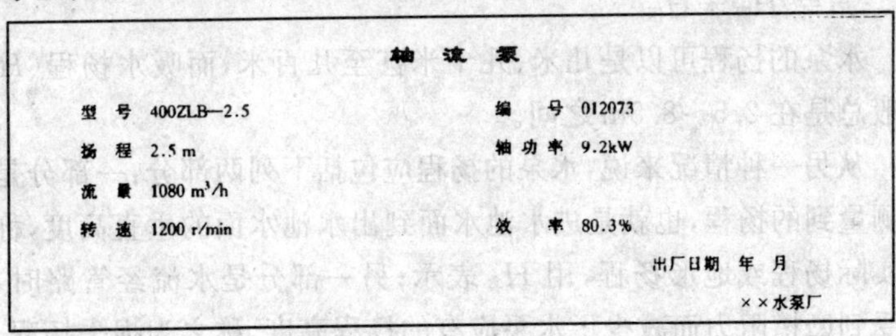

轴　流　泵

型　号　400ZLB—2.5　　编　号　012073

扬　程　2.5 m　　轴功率　9.2kW

流　量　1080 m^3/h

转　速　1200 r/min　　效　率　80.3%

出厂日期　年　月

××水泵厂

a）

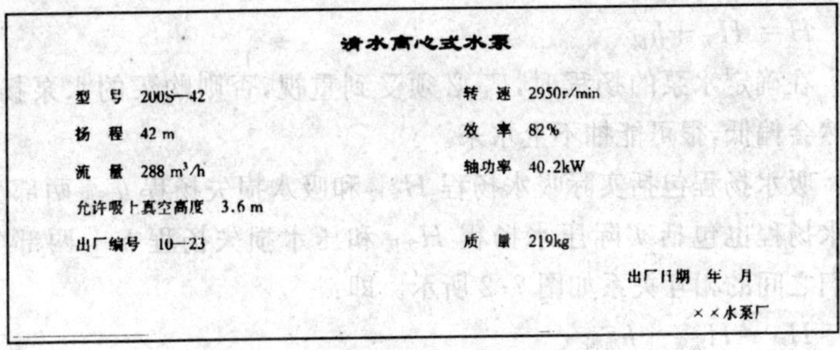

清水离心式水泵

型　号　200S—42　　转　速　2950r/min

扬　程　42 m　　效　率　82%

流　量　288 m^3/h　　轴功率　40.2kW

允许吸上真空高度　3.6 m

出厂编号　10—23　　质　量　219kg

出厂日期　年　月

××水泵厂

b)

图 7-1　水泵的铭牌

a)轴流泵的铭牌　b)离心泵的铭牌

1. 扬程

扬程是指水泵能够送水的高度，又叫水头，通常用 $H_{来}$ 表示，单位用 m 表示。水泵铭牌上的扬程为理论扬程，它等于实际扬程与损失扬程之和。

一般情况下，离心泵的扬程以泵轴轴线为界，水源到水泵的垂直高度叫做吸水扬程，简称吸程，用 $H_{吸}$ 表示；水泵到出水口的垂直高度叫做压水扬程，用 $H_{压}$ 表示。扬程等于吸水扬程与压水扬程之和，用公式表示为：

$$H = H_{吸} + H_{压}$$

水泵的扬程可以是几米、几十米甚至几百米，而吸水扬程（$H_{吸}$）一般总是在 2.5～8.5m 之间。

从另一种情况来说，水泵的扬程应包括下列两部分：一部分是可以测量到的扬程，也就是进水池水面到出水池水面的垂直高度，称之为实际扬程或地形扬程，用 $H_{实}$ 表示；另一部分是水流经管路时，由于受到摩擦阻力而减少了水泵应有的扬程高度，称之为损失扬程，用 $h_{损}$ 表示，即：

$$H = H_{实} + h_{损}$$

在确定水泵的扬程时，$h_{损}$ 必须受到重视，否则购买的水泵扬程显然会偏低，很可能抽不上水来。

吸水扬程包括实际吸水扬程 $H_{实吸}$ 和吸水损失扬程 $h_{吸损}$ 两部分；压水扬程也包括实际压水扬程 $H_{实压}$ 和压水损失扬程 $h_{压损}$ 两部分。它们之间的相互关系如图 7-2 所示。即：

$$H_{吸} = H_{实吸} + h_{吸损}$$

$$H_{压} = H_{实压} + h_{压损}$$

$$H = H_{吸} + H_{压} = H_{实吸} + H_{实压} + h_{吸损} + h_{压损}$$

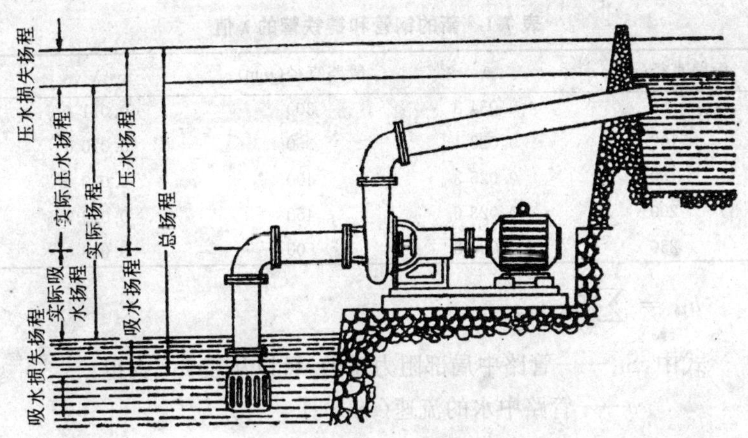

图 7-2　水泵扬程示意图

管路损失扬程($h_{损}$)可分为沿程损失扬程($h_{沿}$)和局部损失扬程($h_{局}$)两部分。沿程损失扬程是指水流流经管道时,水与管道内壁之间发生摩擦而消耗的能量。它与管路的长短、内径和通过水量多少等有关;局部损失扬程是指水流经附件处时,水因撞击、绕弯、挤压等消耗的能量。它与附件的多少及形式等有关。即:

$$h_{沿}=\lambda\left(\frac{L}{D}\cdot\frac{V^2}{2g}\right)$$

式中:$h_{沿}$——沿程损失扬程,m;

λ——沿程阻力系数;

L——直管长度,m;

D——管路内径,m;

V——水流速度,m/s;

g——重力加速度,m/s^2。

λ 值与水流动的状态和管子的粗糙程度有关,表 7-1 是新的钢管和铸铁管的 λ 值。

混凝土管表面粗糙度与铸铁管接近,其 λ 值可参照表 7-1 选用。对使用时间超过 10 年、内表面严重锈蚀的旧管,λ 值应取表中规定值的 1.5～2 倍。

表 7-1　新的钢管和铸铁管的 λ 值

管路直径(mm)	λ	管路直径(mm)	λ
50	0.034 8	300	0.021 4
100	0.028 1	350	0.020 6
150	0.025 3	400	0.020 0
200	0.023 6	450	0.019 5
250	0.022 3	500	0.019 0

$$h_{局} = \sum S_{局} \cdot \frac{v^2}{2g}$$

式中：$S_{局}$——管路中局部阻力系数，可以从表 7-2 查得；

v——管路中水的流速(m/s)；

g——重力加速度，为 9.8m/s²。

管路损失扬程为：

$$h_{损} = h_{沿} + h_{局}$$

$$= \lambda(\frac{L}{D} \cdot \frac{v^2}{2g}) + \sum S_{局} \cdot \frac{v^2}{2g}$$

为计算简便起见，水管和水泵附件损失扬程编制成表 7-3。

表 7-2　局部阻力系数表

(1)管子进口无扩大 $S=0.5$	(2)管子进口有喇叭口 $S=0.1\sim0.2$	(3)无底阀滤网 $S=2\sim3$	(4)有底阀滤网 $S=5\sim8$	(5)逆止阀 $S=1.7$
(6)90°弯头 $S=0.2\sim0.3$	(7)45°弯头 $S=0.1\sim0.15$	(8)渐细接管 $S=0.1$	(9)渐粗接管 $S=0.25$	(10)直流三通 $S=0.5$
(11)曲流三通 $S=2.0$	(12)分流三通 $S=1.5$	(13)闸阀 $S=0.1$	(14)U 形管 $S=1.0$	(15)出口 $S=1.0$

表 7-3 水管和水泵附件损失扬程换算表

水管口径		流量		流速	损失扬程								
									进水管		弯管		
英寸	mm	m^3/h	L/s	m/s	每米水管	底阀 S=5	逆止阀 S=1.7	闸阀（全开）S=0.1	有喇叭口 S=0.2	无喇叭口 S=0.5	90° S=0.2	45° S=0.1	出水扩散管 S=0.25
2″	50	20	5.5	2.8	0.378		0.68	0.04	0.08	0.02	0.08	0.04	0.1
3″	75	45	12.5	2.86	0.227	2.0	0.69	0.04	0.08	0.02	0.08	0.04	0.1
4″	100	80	22.2	2.8	0.157	2.0	0.68	0.04	0.08	0.02	0.08	0.04	0.1
6″	150	150	41.7	2.36	0.064	0.3	0.47	0.028	0.056	0.014	0.056	0.028	0.07
8″	200	280	77.8	2.45	0.048	2.0	0.51	0.03	0.06	0.015	0.06	0.03	0.075
10″	250	486	135	2.75	0.044	1.4	0.65	0.038	0.076	0.196	0.076	0.038	0.096
12″	300	792	220	3.11	0.044	1.5	0.85	0.5	0.1	0.25	0.1	0.05	0.125
14″	350	1 260	350	3.64	0.049	1.9	1.13	0.067	0.13	0.34	0.13	0.067	0.17
16″	400	1 440	400	3.18	0.031	2.5	0.85	0.05	0.1	0.25	0.1	0.05	0.125
20″	500	2 016	560	2.85	0.019		0.68	0.04	0.08	0.2	0.08	0.04	0.11

查表 7-3 时，必须注意，当水泵实际流量与表 7-3 对应管径的流量不相符时，应按下式进行校正。

$$\text{损失扬程}\ h_{\text{损}}=\text{按表算出的损失扬程}\times\left(\frac{\text{水泵流量}}{\text{表中流量}}\right)^2$$

例：某地拟安装一台流量为 170L/s 的离心泵，已测得实际扬程为 20m，需用水管长 28m，管路需设底阀、闸阀、90°弯头、45°弯头各 1 个，问应选用多高扬程的水泵？

解：先确定水管直径，根据流量，参考表 7-3 可选定管径为 250mm。

查表 7-3 知，当管径为 250mm，流量为 135L/s 时，每米水管损失扬程为 0.044m，底阀、闸阀、90°弯头、45°弯头损失扬程各为1.9m、0.038m、0.076m、0.038m，则流量为 135L/s 时的损失扬程：

$h_{\text{损}}=0.044\times28+1.9+0.038+0.076+0.038=3.284(\text{m})$

因实际流量为 170L/s 与表中流量 135L/s 不相符，需校正，按校正公式有：

$h_{\text{损}}=3.284\times(170/135)2\approx2.068(\text{m})$

$H=H_{实}+h_{损}=20+5.2=25.2(m)$

答：应选用扬程为26m左右的水泵。

2. 流量

水泵的流量又称出水量，它是指水泵在单位时间内能打出的水量，通常用符号 Q 表示，单位用L/s或 m^3/h 表示。

3. 功率

功率是表示机组在单位时间内所做“功”的大小，通常用 N 表示。水泵的功率可分为有效功率、轴功率和配套功率3种。

(1)有效功率。有效功率是指水泵水流得到的净功率，又叫水泵的输出功率，它可以用水泵的扬程和流量计算出来，用 $N_{效}$ 表示。

(2)轴功率。轴功率是指水泵在一定流量和扬程的情况下，动力机传给水泵的功率，也叫输入功率，用 $N_{轴}$ 表示。它的大小是有效功率与泵内损失功率之和。泵内损失功率主要包括水流在泵体内摩擦、挤压、回流以及泵轴与轴承、填料等零件的摩擦消耗等。

(3)配套功率。配套功率是指一台水泵应选配动力机的功率，用 $N_{配}$ 表示。它比轴功率大，原因是，动力机在把动力传给水泵轴时，有传动损失，而且考虑到水泵工作中流量、扬程的波动和可能出现的超负荷等情况，动力必须有一定储备。配套功率的大小可从水泵性能表查得，也可用下式计算：

$$N_{配}=K\frac{N_{轴}}{\eta_{传}}\times 100\%$$

式中：K——备用系数，可根据功率大小查表7—4确定；

$\eta_{传}$——传动效率，V型带传动可取0.95～0.98，平皮带传动可取0.85～0.95，联轴器直接传动可取1。

表 7-4 备用系数表

水泵轴功率（瓦或千瓦）	<5	5～10	10～50	50～100	>100
电动机	2～1.3	1.3～1.15	1.15～1.1	1.08～1.05	1.05
内燃机		1.5～1.3	1.3～1.2	1.2～1.15	1.15

4. 效率

水泵的效率是指水泵的有效功率与输入功率之比，反映水泵对动力的利用情况，其大小用百分数表示，即

$$\eta=\frac{N_{效}}{N_{轴}}\times100\%$$

式中：$N_{效}$——有效功率，kW；

$N_{轴}$——轴功率，kW；

η——水泵效率（%）。

当水泵的流量和扬程一定时，如果水泵的效率越高，则所需的输入功率越小。水泵铭牌上标出的效率，是指该水泵的最高效率。

5. 转速

转速是指单位时间内水泵转子旋转的圈数，通常用 n 表示，单位为 r/min。中小型水泵的设计转速一般与异步电动机的转速相同，常见有 2900r/min、1450r/min、970r/min、730r/min，以便使水泵与电动机直接传动。

水泵的转速即为额定转速，不能随意改变，否则将直接影响水泵的其他参数。确需改变时，要通过精确计算来确定其改变量，一般提高转速不能超过 10%，以免引起动力机超载或损坏水泵的零部件；降低转速不能低于 50%，以免使水泵的效率下降太多。

6. 允许吸上真空高度

水泵在吸水过程中，进水口处的真空度称吸上真空高度，当该值达到某个数时，水泵进水口处的水会汽化而形成气泡，这些气泡随水流到达压力较高区域时便凝结而消失，其周围的水就以很高的速度充填气泡空间，从而对叶轮和泵体产生强烈冲撞，使金属表

面剥落，造成汽蚀损坏。因此叶轮进口处的压力不能过低，为不发生汽蚀现象，规定了水泵的允许吸上真空高度，通常用 Hs 表示，单位为 m。

允许吸上真空高度是通过汽蚀试验确定的，在试验中，当水泵开始出现汽蚀时的吸上真空高度，叫最大吸上真空高度，一般将最大吸上真空高度减去 0.3m，作为允许吸上真空高度，它是一个指导水泵安装高度的参数。

为了避免发生汽蚀，要注意以下几点：

(1)水泵的安装高度一般不能高于 Hs；

(2)水泵的叶轮设计要合理，并提高表面抗汽蚀的能力；

(3)水泵不能在超过额定转速和流量的情况下工作；

(4)所抽送水的温度不能过高；

(5)抽水时尽量避免产生涡流。

7. 比转数

它是反映水泵叶轮形状的参数，比转数相同，则叶轮形状相似。比转数与水泵性能有密切关系，可用于对水泵叶轮进行分析。

二、水泵的选型与配套

(一)流量和扬程的确定

正确选择水泵型号及其配套设备，是保证既能满足农田灌溉需要，又能使抽水装置经济运行的关键。选择型号时，先要根据使用地区自然地形条件和生产要求，确定水泵站的设计流量和设计扬程，使所选水泵的额定流量和扬程与设计要求的相等。

1. 设计流量的确定

设计流量一般可按最大流量考虑，灌溉流量可用下式确定：

$$Q=\frac{\sum mA}{Tt\eta}$$

式中：Q——所选泵的流量，m^3/h；

m——1公顷土壤的最大灌水量，m^3/hm^2；

A——作物的种植面积，hm^2；

T——轮灌天数(d)，即农田灌溉一次所延续的天数；

t——每昼夜开机时间(h)，通常柴油机可工作20h/d(每天可工作20h)，电动机可工作22h/d(每天可工作22h)；

η——渠系有效利用系数，一般为60%～90%，渠道截面积大、输水远、沙壤土及旱作区取较小的值；反之则取较大的值。

例：有一片机械提水灌区，有水田50hm²，旱田10 hm²，均种植水稻。根据调查，当地的插秧期泡田的灌水定额：水田为750 m³/hm²，旱田为1 000 m³/hm²，渠系有效利用系数为80%。计划10d轮灌一次，每天工作20h，试求该提灌站的设计流量。

解：$Q=\dfrac{\sum mA}{Tt\eta}=\dfrac{750\times50+100\times10}{10\times20\times0.8}=240.625(m^3/h)$

答：该机械提灌站的设计流量为240.625m³/h 。

2.设计扬程的确定

灌溉泵站的设计扬程即水泵所需的扬程，它包括实际扬程和损失扬程两部分，即：

$H=H_{实}+h_{损}$

(1)实际扬程。实际扬程可在选定了抽水站的地址后实地测得。其中出水池的水位应尽可能控制灌区的全部农田。而进水池水位，通常是以作物生长期内河(湖)水的平均水位为依据。另外，还必须了解最枯水位和可能出现的最高洪水位，以确定机房的结构形式和电动机的安装高度等。

实际扬程一般可采用水准法测量。如无专用仪器，可用三角板等简单工具，按图7-3所示进行测定：先立标尺于水源水面O处，然后自标尺的一定高度A点向斜坡拉一细绳，将等腰三角板的底边靠向细绳，并在三角板的中部吊一个小锤，上下移动细绳的A

点，使小锤通过三角板顶点时，表明细绳已水平，记下 OA 高度；再将标尺移至细绳与斜坡交点 B 处，按同法测量，直至拟定的水泵出水管出口 E 为止。这样 OA、BC、DE 之和，即为实际扬程。

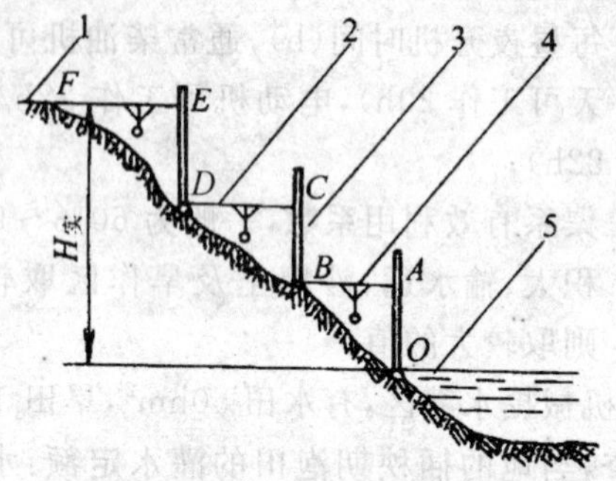

图 7-3 在长斜坡河岸测量扬程

1—上水面 2—细绳 3—标尺

4—三角板吊线 5—水源水面

(2)损失扬程。损失扬程与水管直径有关，而水管直径一般又需在选定水泵以后才能确定。为此，可根据水泵口径与流量之间的特定关系，采用如下办法确定损失扬程：先根据设计流量参考表 7-3或水泵性能表，确定水泵口径（如上例流量为 240.625m³/h，应选 200mm 口径水泵）；再根据地形确定输水管长度，根据实际扬程拟定水泵的附件，然后根据水管的口径、长度，以及拟用的附件等已知数计算损失扬程。

对小型排灌站，损失扬程可按表 7-5 估算。

表 7-5 管路损失扬程的估算

实际扬程(m)	管路直径(mm)		
	≤200	250～300	＞350
	损失扬程相当于实际扬程的百分数(%)		
＜10	30～50	20～40	10～25
10～30	20～40	15～30	5～15
＞30	10～30	10～20	3～10

(二)选择水泵

1. 初选水泵型号和台数

设计流量和设计扬程确定之后便可初选水泵型号。根据不同地区的特点和灌溉要求,初步选定水泵的种类,再根据下述方法初选水泵的型号。

利用"水泵性能表"(见附录)选择水泵型号。查表时,首先从表中查出与设计扬程相符的型号,再看流量是否也相符,如果两者都相符,就可初步选定此水泵。

2. 确定泵型

采用上述方法选择水泵型号时,可初选出几种额定扬程大致与设计扬程相近的水泵,将这几种泵型作比较,然后根据设计流量确定所需水泵的台数。如果所需的设计流量小,一台水泵就能满足要求,比较后就确定此种型号的水泵。如果设计流量大,一台水泵不能满足要求,则可选几台水泵。一般中、小型抽水站选用 2～4 台同型号的水泵为宜。其比较内容是:

(1)比效率。在扬程相同的型号中,选效率高的泵。一般流量大的水泵效率高,但也应全面比较水泵流量大小与台数的关系。水泵流量过小,则台数过多,不仅效率低,而且增加投资,管理维修也不便;水泵流量过大,效率虽高,但台数过少会使流量的调节受到一定的限制。

(2)比投资。在流量相同时,设备和土建等的投资要少。例如在平原地区,混流泵与轴流泵都可采用,但混流泵泵站的土建投资少,安装维修方便,故常选混流泵。

(3)比机、泵设备安装维修的方便程度和动力的综合利用。选用安装维修方便、能综合利用动力的机、泵。

例如,某村有水田 $90hm^2$ 需要提水灌溉,已知 $1hm^2$ 需水量为 $66.7m^3$,8 天轮灌一次,从取水源水面至灌溉最高点的实际地形高度差为 21m,采用水渠道自流灌,渠道损失为 20%。采用钢管输水,管径为 75mm,管路上装有底阀、闸阀、弯头等附件。水泵每天工作 20h，试问，应选择什么型号的水泵？

解：(1)确定所需水泵的流量 $Q=\frac{\sum mA}{Tt\eta}=\frac{66.7\times 90}{8\times 20\times 0.8}=46.9\ (m^3/h)$

(2)确定所需水泵的扬程。实际扬程 $H_{实}=21m$；损失扬程按表 7-4 估算，由管径 75mm，实际扬程 21m，查表 7-5 得，损失扬程为实际扬程的 20%～40%，即：

$h_{损}=(0.2\sim0.4)H_{实}=(0.2\sim0.4)\times21=(4.2\sim8.4)m$，考虑到管路较长、管径较细、管路附件较多，故取 $h_{损}=9m$，则所需水泵的总扬程 $H=H_{实}+h_{损}=21+9=30(m)$

(3)选择水泵。查水泵性能表(见附录)，可知 IB80－65－160 型单级单吸离心泵能满足流量和扬程的要求，其主要性能参数如表 7-6 所示。

表 7-6　所选水泵的主要性能参数

水泵型号	流量 (m^3/h)	扬程 (m)	转速 (r/min)	轴功率 (kW)	配套功率 (kW)	效率 (%)	H_s (m)
IB80－65－160	50	32	2 900	5.7	7.5	76	7.6

(三)水泵与动力机的配套

水泵与动力机的配套，包括确定动力机类型、功率和转速。

水泵所用动力机，目前主要有电动机和内燃机两类。内燃机又主要是柴油机。选择动力机时，可根据具体情况决定。凡是有电源的地方，采用电动机作动力，较为经济，且使用、操作方便，故障少。柴油机具有机动性高和便于调速等特点，对于小型排灌站或经常流动的临时性排灌机组较为适用。

由于水泵转速对水泵的性能有很大的影响，因此动力机的转速也是选择动力机时应考虑的一个重要因素。在选择动力机时，必须使其转速与水泵相适应。具体说来，当用电动机直接驱动时，电动机转速必须与水泵转速一致；当动力机(内燃机或电动机)用皮带传动时，应通过计算，验证动力机转速是否符合要求。如不符合，则应更换水泵或动力机皮带轮。

第八章　水泵机组安装

一个完整的排灌系统，不仅要为水泵配合适的动力机和相应的传动装置，还要配合理的管路和必要的附件，才能完成排灌工作。图 8-1 为离心泵机组组成示意图。

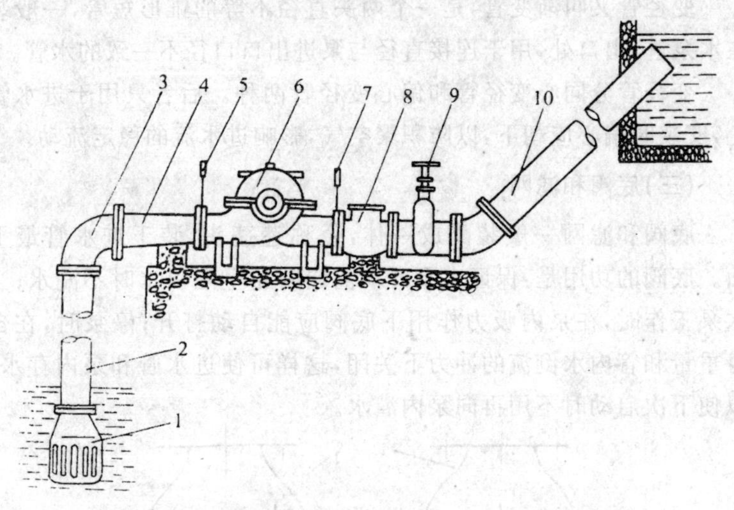

图 8-1　离心泵机组组成示意图

1—底阀　2—吸水管　3—弯头　4—变径管　5—真空表
6—水泵　7—压力表　8—逆止阀　9—闸阀　10—压水管

一、水泵管路与附件

(一)进水管与出水管

水管用于输水，一般包括吸水管(又叫进水管)和压水管(又叫出水管)两部分。按制造材料不同，常用的水管有钢管、铸铁管、钢筋混凝土管和橡胶管等。对于大中型固定式水泵，多采用钢管、铸铁管、钢筋混凝土管等寿命长的水管；对于临时安装和移动作业的小型水泵，进出水管多采用塑料、橡胶等轻便的水管。

在选择进出水管时，要在保证强度结实的前提下，以经济、安装方便为原则，择优选取。

(二)弯头和变径管

弯头用来改变吸水管或压水管的水流方向，多为铸铁制成，主要有 90°、60°、45°等角度。管路中应尽量少用弯头，以减少水力损失。

变径管又叫渐变管，是一个两头直径不等的锥形短管，一般装在水泵进、出口处，用于连接直径与泵进出口口径不一致的水管。

变径管分同心变径管和偏心变径管两种。后者只用于进水管上，安装时偏心应朝下，以防积聚空气，影响进水流的稳定流动。

(三)底阀和滤网

底阀和滤网一般装配成一体，俗称莲蓬头，装于进水管最下面。底阀的功用是：保证水泵开动前向叶轮里灌引水时不漏水；当水泵工作时，在泵内吸力作用下底阀应能自动打开；停泵时，在自身重量和管内水倒流的冲力下关闭，这样可使进水管和泵内存水，以使下次启动时不用再向泵内灌水。

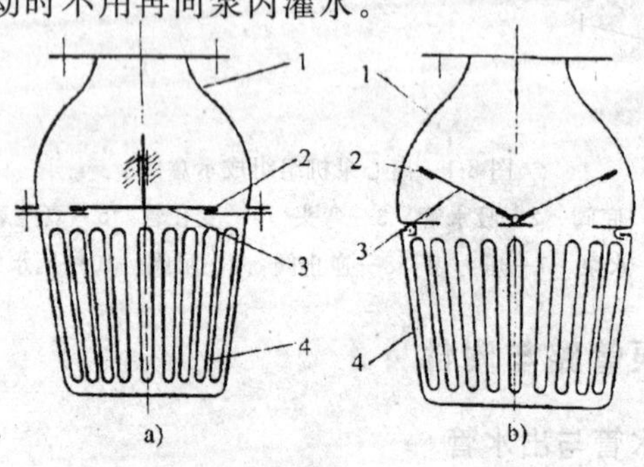

a)盘状活门　b)蝶形活门

图 8-2　底阀构造示意图

1—阀体　2—橡皮垫　3—单向阀门　4—滤网

底阀主要由阀体和体内的单向阀门组成。按单向阀门结构不同，常用的底阀有盘状活门和蝶形活门两种（图 8-2）。前者多用于进水管口径在 152mm 以下的水泵，后者多用于 152mm（含 152mm）以上的水泵。后者在活门下面一般设有一指状杠杆，当需要将进水管内存水放出（如转移水泵）时，可通过绳索拉动，以顶开单向阀门。

底阀给进水造成很大阻力，因此对于不需灌水而能启动的水泵（如自吸泵，用抽气引水的水泵等），就不应安装底阀。

滤网为一铸铁制的网筛，装于底阀下部，用以防止杂物或鱼虾等吸入水泵而发生事故。如无底阀，则应在进水管下部安装滤网。

（四）逆止阀和拍门

逆止阀又叫止回阀，是一个单向阀门（图 8-3），装于水泵出水口附近。其作用是在水泵突然停车时，防止因压水管的水倒流时产生的水锤作用击坏水泵和底阀，多用在扬程较高、流量较大的离心泵上。

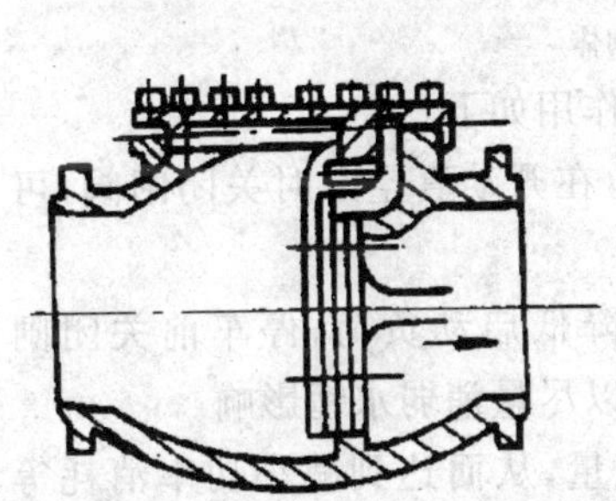

图 8-3 逆止阀

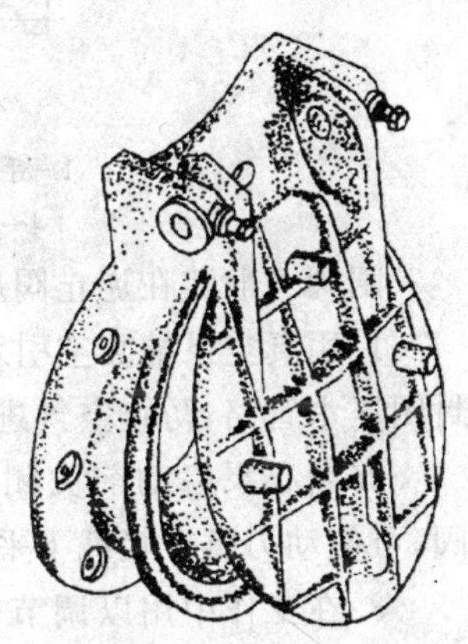

图 8-4 拍门

拍门（图 8-4）又叫出水活门，也是一个单向阀门，与逆止阀不同的是，它安装在压水管出口，其功用主要是防止水泵停车后，上水池的水倒流入下水池。拍门一般在流量大、扬程低的水泵（如轴流泵)上应用较多。

(五)闸阀

闸阀多用在离心泵上,其构造如图 8-5 所示。主要由阀盖 3、阀板 4、阀体 5 等组成。当转动手轮时,即可通过丝杆带动阀板上升或下降,从而控制管路通道的大小,或完全切断管路。

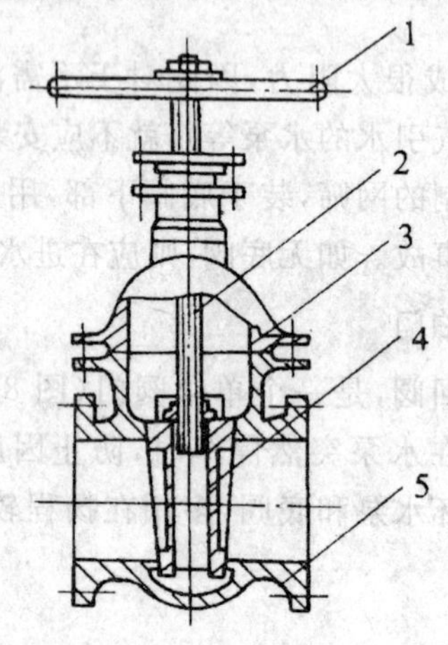

图 8-5 闸阀

1—手轮 2—丝杆 3—阀盖

4—阀板 5—阀体

闸阀一般装在逆止阀后面。其作用如下:

1. 用真空泵抽真空引水的水泵,在开动真空泵时关闭闸阀,可封闭压水管路,防止空气进入。

2. 离心泵启动前关闭闸阀,可降低启动负荷;停车前关闭闸阀,可使动力机在轻载下平稳停车,以尽量消弱水锤影响。

3. 在工作中用以调节(减小)流量,从而达到减小功率消耗等目的。

二、水泵管路及附件的选用

(一)水管直径的确定

水管直径过小,损失扬程显著增加,动力消耗增多。水管直径过大,则增加了水管投资,也不经济。在一般情况下,以进水管直径比水泵进口直径大 50mm 为宜,出水管直径与水泵出口直径相等,但不能小于水泵出口直径。

(二)水泵附件的选择

水泵附件应根据水泵类型和流量大小、扬程高低等因素选择。底阀只用于灌引水启动的水泵,闸阀用于在工作中需要调节流量或用真空泵抽真空引水启动的水泵。逆止阀用于扬程高、流量大的离心泵。对于扬程低而流量大的轴流泵、混流泵,一般在压水管出口处安装一个拍门即可。真空表和压力表一般用在大型水泵上。

三、水泵的安装

以离心水泵为例说明水泵安装。

(一)水泵安装位置的选择

在确定水泵安装地点时,应注意以下几点:

1)在确保安全的情况下,水泵安装位置应尽量靠近水源和陡坡,以缩短进、出水管长度,减少不必要的弯管,减少漏气的机会和扬程损失。

2)水泵距河面或进水池水面的垂直高度,应保证在最低枯水位时吸水扬程不超过规定值,而在洪水季节不淹没动力机。

3)水泵安装的地方,地基要坚固、干燥,以免水泵在运行中因震动造成下陷和电动机受潮。

4)安装水泵的场地要有足够的面积,以便拆卸检修。

(二)水泵的基础

1. 固定安装的基础

一般都用混凝土浇筑。混凝土按质量,可采用1份水泥、2份黄沙、5份碎石拌水制成。基础的尺寸,可较水泵动力机座(或共同底座)长、宽各大10～15cm,深度比地脚螺栓深15～20cm。基础应高出地面5～15cm。

进行混凝土浇筑时,可采用一次灌浆法或二次灌浆法。一次灌浆法,是在浇筑基础前,预先用模框固定地脚螺栓,然后一次性把地脚螺栓浇筑在混凝土内,它的优点是缩短施工期限,提高地脚螺栓的稳固性。其缺点是对地脚螺栓位置的确定要求较高。二次灌浆法,是预先留出地脚螺栓孔,等水泵和动力机装上基础,上好螺母后,再向预留孔浇灌水泥浆,使地脚螺栓固结在基础内。这种方法的优点是安装时便于调节,但二次浇灌的混凝土有时结合不好,影响地脚螺栓的稳固性。一般安装小型水泵时采用一次灌浆法,大型水泵则采用二次灌浆法。

2. 临时安装的机组

可以将水泵和动力机共同安装(也可分开安装)在硬木做的底座上,把底座埋在土内或在周围打上木桩即可。

(三)水泵和动力机安装中的注意事项

混凝土基础凝固后,即可安装水泵和动力机。安装时,应该注意以下几点:

1)有共同底座的水泵,应先安装共同底座,并注意找水平。

2)水泵和电动机采用联轴器直接连接时,为防止机器发生震动和损坏水泵,水泵和动力机轴必须同心,检查方法如图8-6所示:用直尺在两联轴器上下左右4个方向检查,如直尺与两联轴器都能紧贴而无间隙,则表明两轴同心。如不同心,则要在水泵或电动机底座下加适当垫片调整。

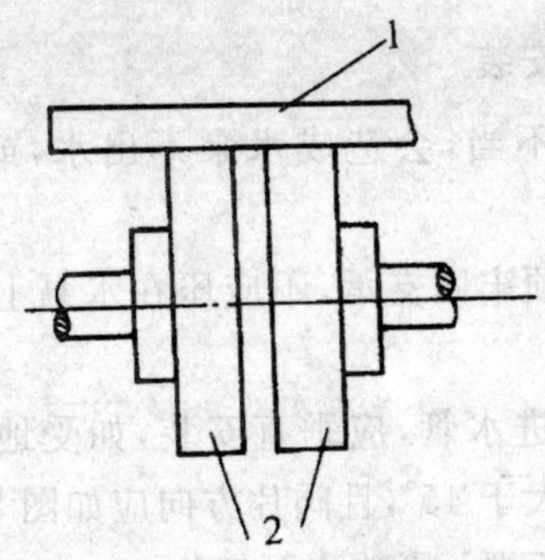

图 8-6 用直尺检查两轴同心

1—直尺 2—联轴器

3)水泵与电动机联轴器间应有一定间隙,以防止水泵或电动机轴出现少许轴向移动时,两联轴器相碰,影响机组工作。口径300mm 以下的水泵,间隙为 2～4mm;口径 350～500mm 的水泵,间隙为 4～6mm;口径 600mm 以上的水泵,间隙为 6～8mm。此间隙必须左右一致,否则说明水泵轴与电动机轴不在同一直线上。

4)采用皮带传动的水泵,动力机皮带轮与水泵皮带轮宽度中心线应在同一直线上,且两轴平行(开口或交叉传动)。检查方法,如两皮带同宽,可如图 8-7 所示,用一细线,一头接触 a 点,另一头慢慢向 d 点靠近,如果细线同时接触 b、c、d 三点,则符合要求。另外,对开口式皮带传动,应使松边在上,紧边在下,以增大包角。

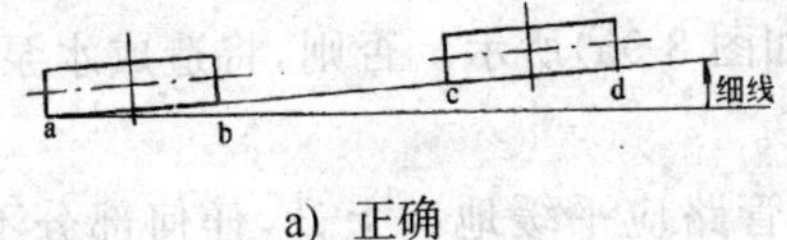

a) 正确

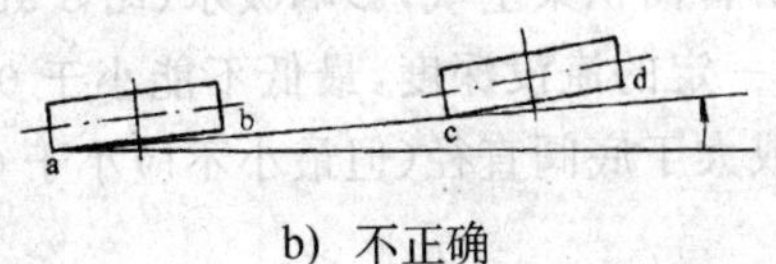

b) 不正确

图 8-7 用细线检查两皮带轮相对位置

(四)进水管的安装

进水管路安装不当,会造成水泵不出水,或影响水泵正常工作,应引起重视。

1)进水管路必须牢固支承,不应压在水泵上,各接头处应严格密封,不得漏气。

2)带有底阀的进水管,应垂直安装,如受地形限制需斜装时,与水平面的夹角应大于45°,且阀片方向应如图 8-8 所示,以免因底阀不能关闭或关闭不严,影响水泵工作。

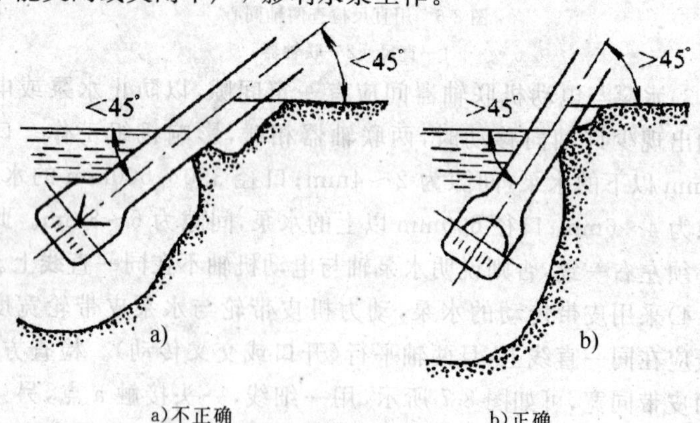

a)不正确　　b)正确

图 8-8　进水管的斜度和阀片方向

3)弯头不能直接与水泵进口相连,而应装一段长度约为 3 倍直径的直管段,如图 8-9a)所示。否则,将造成水泵进口水流紊乱,影响水泵效率。

4)整个进水管路应平缓地向上升,任何部分不应高出水泵进口的上边缘,以防管内积聚空气,影响吸水(图 8-9b)、c))。

5)底阀应有一定的淹没深度,最低不能小于 0.5m。底阀到池底距离,应等于或大于底阀直径(但最小不应小于 0.5m),如图8-10所示。

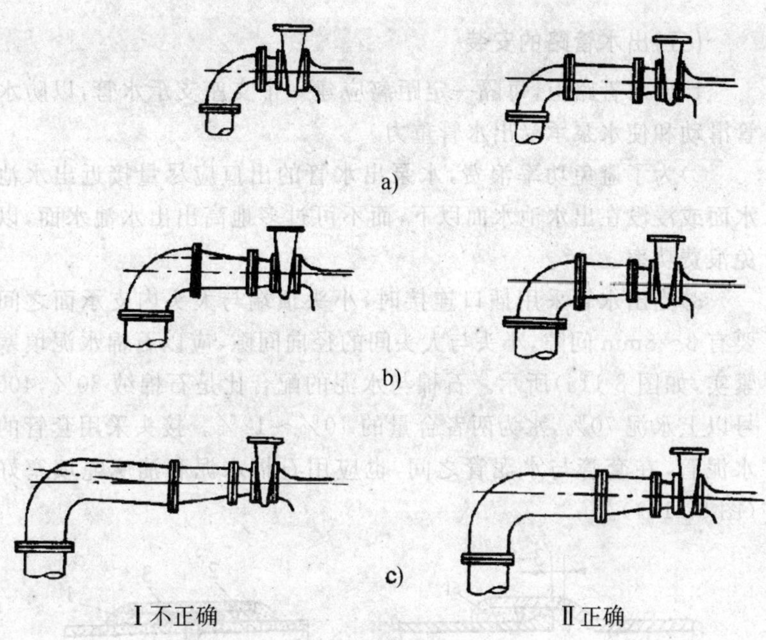

图 8-9 进水管的安装

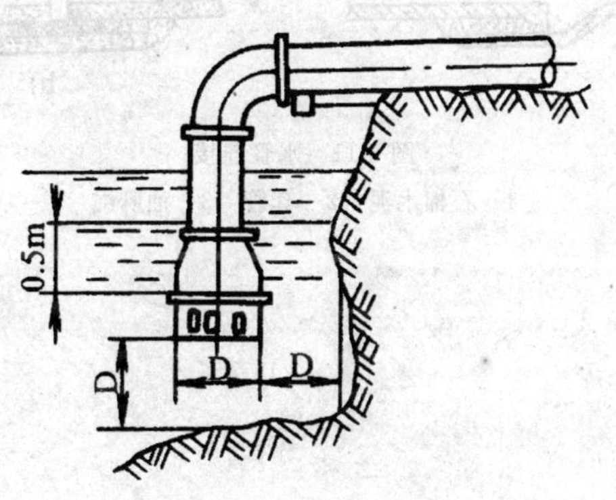

图 8-10 底阀安装示意图

(五)出水管路的安装

1)出水管路上,每隔一定距离应建一个支座支承水管,以防水管滑动和使水泵承受出水管重力。

2)为了避免功率浪费,水泵出水管的出口应尽量接近出水池水面或浸没在出水池水面以下,而不可过多地高出出水池水面,以免浪费功率。

3)当出水管采用插口连接时,小头顶端与大头内支承面之间要有3～8mm间隙,小头与大头间的径向间隙,应以石棉水泥填塞紧实,如图8-11a)所示。石棉与水泥的配合比是石棉绒30%,400号以上水泥70%,水为两者合量的10%～12%。接头采用套管的水泥管,在套管与水泥管之间,也应用石棉水泥和油麻绳填塞好(图8-11b))。

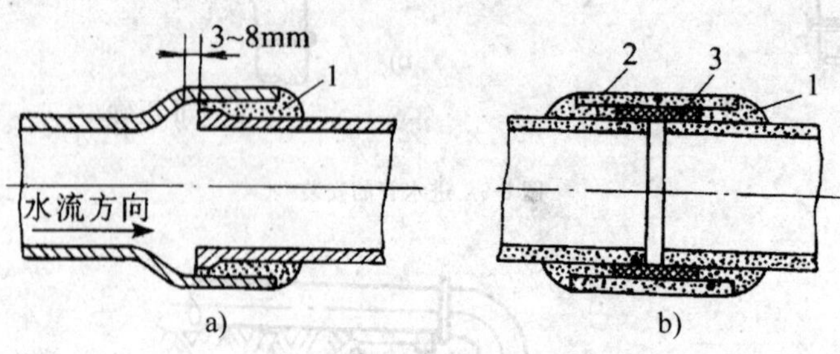

图8-11 水管连接

1—石棉水泥 2—套管 3—油麻绳

第九章　喷灌与微灌技术

一、喷灌技术

喷灌可以防止水分深层渗漏和地表流失，具有省水及对地形适应性强的优点，适合缺水、干旱地区使用。但喷灌系统对水源的要求较高，水中不得含有泥沙和污物；受风力影响大，在 3～4 级风时不宜喷灌，以防水滴被吹走，导致喷灌均匀度下降。

喷灌系统一般由水源、水泵、动力机、输水管路及喷头等部分组成。按喷灌系统各组成部分可移动的程度，分为固定式、半固定式和移动式 3 种类型。

(一)固定式喷灌系统

除喷头外，所有管道在整个灌溉季节或常年都是固定的。水泵和动力机安装在固定的位置，干管和支管多埋在地下，竖管伸出地面，喷头安装在竖管上。

(二)半固定式喷灌系统

动力机、水泵和主干管都是固定不动的，喷头和支管是可以移动的，如图 9-1 所示。

(三)移动式喷灌系统

该系统的动力装置、干管、支管和喷头都是可以移动的，具有机动性强、操作方便、生产率高等优点，是广泛应用的一种喷灌系统。从结构形式上可分为：时针式喷灌机、平移式喷灌机、绞盘式喷灌机及移动软管式喷灌机组 4 种。

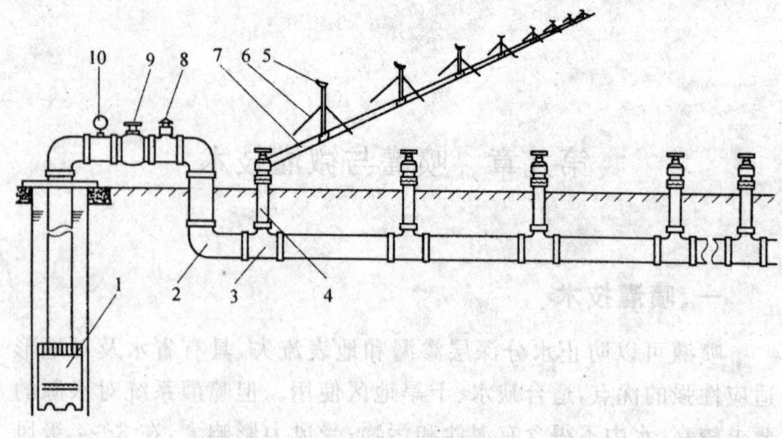

图 9-1 半固定式喷灌机

1—水泵 2—主水管 3—三通管接头 4—出地管 5—喷头
6—支架 7—移动水管 8—放气阀 9—闸阀 10—压力表

1. 时针式喷灌机(图 9-2)

优点是将支管撑在高 2～3m 的支架上，全长可达 400m，支架可以自己行走，支管的一端固定在水源处，整个支管绕中心点绕行，像时针一样，边走边灌，可以使用低压喷头，灌溉质量好，自动化程度高。缺点是只能灌溉圆形的面积，灌溉残留面积较大。适用于地表较平的大型农场，并要求灌区内无任何高的障碍物(如电杆、树木)。

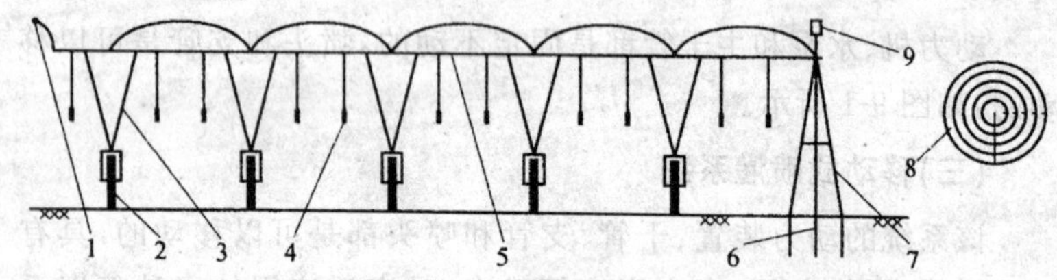

图 9-2 时针式喷灌机

1—末段喷头 2—地轮 3—支架 4—喷头 5—桁架
6—水泵轴 7—固定支架 8—运行示意图 9—换向装置

2. 平移式喷灌机(图 9-3)

克服了时针式喷灌机只能灌溉圆形面积的缺点,是支管做平行运动的喷灌系统,灌溉的面积成矩行。但缺点是当机组运行到田头时,要重新牵引到原来的出发点才能进行第二次灌溉。而且平移的准直技术要求高。适宜的推广范围同时针式相仿。

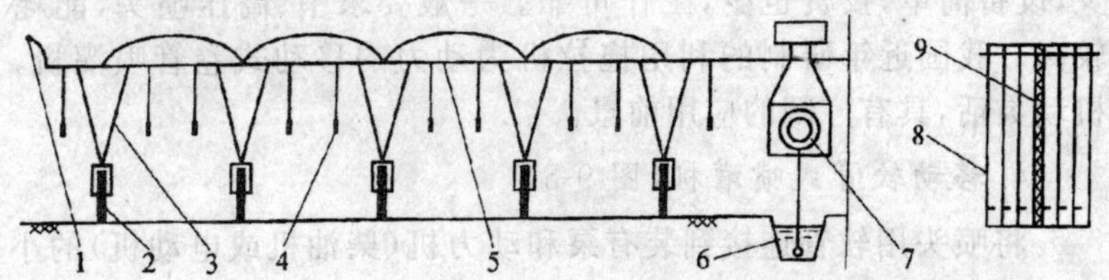

图 9-3 平移式喷灌机

1—末段喷头 2—地轮 3—支架 4—喷头 5—桁架

6、9—水渠 7—水 8—运行示意图

3. 绞盘式喷灌机(图 9-4)

利用盘在大绞盘上的软管给一个或几个喷头供水灌溉土壤。

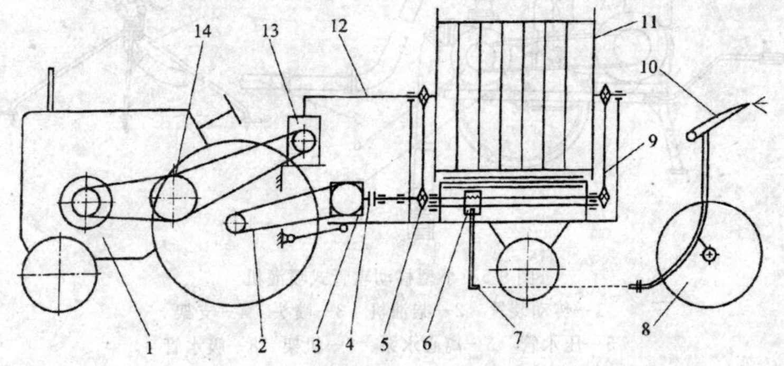

图 9-4 绞盘式喷灌机

1—拖拉机 2—主动驱动链 3—减速器 4—离合器

5—绞盘驱动链 6—排管器 7—软管 8—喷头车

9—排管器驱动链 10—喷头 11—绞盘 12—水泵出水管

13—水泵 14—拖拉机离合器

灌溉时先用外力(人力或牵引力)将软管连同喷水小车拉出,利用水涡轮(或液压马达或拖拉机驱动轮的动力)驱动绞盘旋转,逐渐将软管卷在绞盘上,并带动喷水小车移动。压力水通过软管输送到喷水小车所带的喷头,喷头在压力水的作用下实现喷射和摆动,喷头在喷水小车带动下移动和在水压驱动下摆动的复合作用下,一次可灌溉一个宽小于两倍射程的矩形田块。这种系统田间工程少,设备简单,投资也少,工作可靠。一般要求中、高压喷头,能耗较高。我国近年研制的利用拖拉机为动力的移动式卷管喷灌机,机动灵活,具有广阔的应用前景。

4. 移动软管式喷灌机(图 9-5)

将喷头用软管连接到装有泵和动力机(柴油机或电动机)的小车上,每组有 1～10 个喷头。工作时,由动力机通过传动装置带动水泵工作,并将压力水送向喷头实现喷灌。当喷灌量达到农艺要求后,人工移动喷灌机组。优点是投资少,对地表的适应性好,灵活机动。缺点是灌后地面泥泞使得移动机组困难。

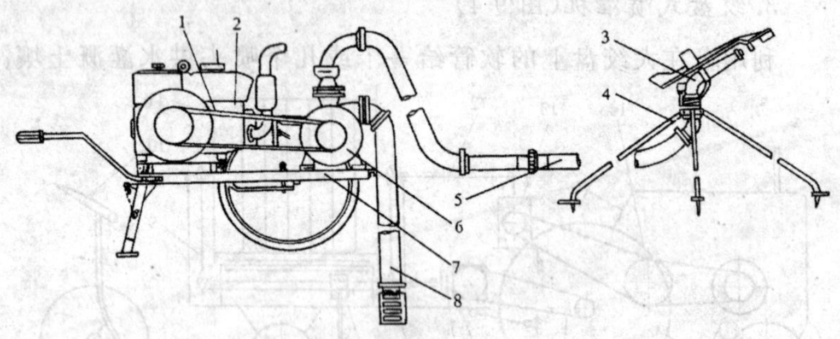

图 9-5 小型移动软管式喷灌机

1—传动装置 2—柴油机 3—喷头 4—支架
5—压水管 6—离心水泵 7—机架 8—吸水管

(四)喷头

喷头的功能是将压力水喷散成细小的水滴并均匀地洒布在田间,按其工作压力和射程的大小,可分为低压喷头(近射程喷头)、中压喷头(中射程喷头)和高压喷头(远射程喷头)3 种,如表 9-1 所示。

表 9-1 喷头按工作压力分类情况

喷头类别	工作压力(kPa)	射程(m)	流量(m^3/h)	适用范围
低压喷头(近射程喷头)	<200	<15.5	<2.5	射程近,水滴打击强度低,主要用于苗圃、菜地、温室、草坪、园林、自压喷灌的低压区或移动式喷灌机
中压喷头(中射程喷头)	200~500	15.5~42	2.5~32	喷灌强度适中,适用范围广,可用于果园、草地、菜地、大田等作物
高压喷头(远射程喷头)	>500	>42	>32	喷洒范围大,但水滴打击强度也大,多用于对喷洒质量要求不高的大田作物和牧草

按喷头的运动方式可分为摇臂式、旋转式和固定式等类型。下面介绍摇臂式喷头的结构与工作。

1. 摇臂式喷头的结构

摇臂式喷头的结构如图 9-6 所示。

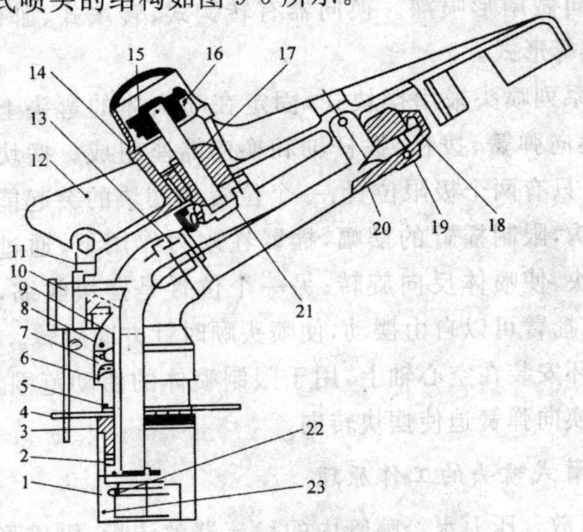

图 9-6 摇臂式喷头结构

1—空心轴 2—减磨垫 3、9、19—O 型密封圈 4—限位环 5—空心轴套 6—防砂弹簧 7—弹簧罩 8—喷体 10—换向器 11—反转钩 12—摇臂 13—喷管 14—防水帽 15—弹簧座 16—摇臂弹簧 17—衬套 18—喷嘴 20—摇臂轴 21—轴端垫 22—垫片 23—接头

(1)喷体。喷体由空心轴、轴套、弯头、喷管、喷嘴、稳流器等组成。轴套与管道上的竖管连接,固定不动,空心轴可在轴套内转动,它和弯头、喷管、喷嘴连成一体,构成水的流道。喷管内装有稳流器,用于消除水流经过弯头所产生的旋涡和横向水流。喷嘴处做成锥形流道,使水流的压能最大限度地转化为动能。喷管通常也为锥形管,以便流道平滑地向喷嘴处过渡。喷头通常配有不同嘴径的喷嘴可供选用。

(2)转动机构。转动机构由摇臂、摇臂轴、摇臂弹簧和弹簧座等组成,用于粉碎射流和驱动喷头旋转。

(3)密封装置。密封装置用于封闭空心轴与轴套之间的间隙,防止漏水。一般具有3层密封圈(O形密封圈、防沙密封圈、减磨密封圈)。

(4)转向机构。转向机构由换向器、反转钩和限位环组成。用于喷头转向做扇形喷灌。换向器有转钩式、转块式、卧钩式、摆块式、挺杆式等形式。

PY1系列喷头采用摆块式,固定在喷头体的弯头上,由摆块、摆块轴、换向弹簧、拨杆、拨杆轴和换向器座组成。摆块在换向弹簧控制下,只有两个极限位置:一个位置是摆块的突起能挡住摇臂上的反转钩,限制摇臂的摆幅,摇臂在水力作用下,通过反转钩直接撞击摆块,使喷体反向旋转;另一个位置是摆块收缩,突起挡不住反转钩,摇臂可以自由摆动,使喷头顺时针方向旋转。

限位环安装在空心轴上,用于限制喷体的活动范围,并通过拨杆上端的换向弹簧迫使摆块转向。

2.摇臂式喷头的工作原理

(1)喷散。压力水经喷管内的稳流器整流后,沿锥形流道提高流速,将压能逐渐转化成动能,然后从喷嘴高速射出。射流水柱与空气碰撞并受摇臂的拍击而粉碎成细小的雨滴。

(2)转动。压力水由喷嘴射出过程中,首先冲击摇臂头部导水器上的导水板，使摇臂获得射流的作用力而向外(逆时针方向)摆动(摆动角度为 60°～120°)，并将摇臂弹簧扭紧。接着摇臂在弹簧力的作用下回摆(顺时针)，使导水器以一定速度进入射流水柱。由于射流对偏流板的冲击作用，使摇臂加速回摆，并撞击喷体使之顺时针方向转动 3°～5°转角。此时导水板又受到射流冲击再次外摆，进入下一循环。如此连续工作，使喷头间歇旋转。

(3)转向。转向用于扇形喷灌。喷灌前将空心轴上的限位环移到所需工作位置。当喷体按上述原理转动至换向器上的拨杆碰到限位环时，拨杆便拨动换向弹簧，迫使摆块转动到突起能与反向钩相碰的位置；此时摇臂在水力作用下，通过反向钩直接撞击摆块突起，而获得反作用力使喷头快速反转；待拨杆随喷体反转到碰撞另一个限位环时，则迫使摆块转到突起碰不到摇臂上反向钩的位置，摇臂又可自由地转动并使喷头顺时针方向旋转。

二、微灌技术

微灌即微量灌溉，就是利用专门设备，将有压水流变成细小的水流和水滴，湿润作物根部附近的土壤，是一种精确控制水量的局部灌溉方法。根据作物的需水要求，用管道把水送到每一棵植物的根部，使每一棵植物都得到需要的水量，减少了深层渗漏、地面径流和输水损失，并且可以通过微灌系统施肥施药。适宜在水源缺乏或地形复杂的地方应用。

微灌包括：滴灌、微喷、涌泉灌和渗灌 4 种形式。灌水器是微灌系统的关键部件，其作用是把末级管道(毛管)的压力水均匀而又稳定地灌到作物根区附近的土壤中，它的质量好坏直接影响到微灌系统的寿命及灌水质量。不同的灌溉方法采用不同的灌水器。滴灌的灌水器是滴头，微喷灌的灌水器是微喷头，涌泉灌的灌水器是利用 φ4 mm 的小塑料管。这 3 种方式除灌水器差别较大外，其余部分基本相同，属地面微灌系统。渗灌则是将输水支管连同灌水器一同埋于耕层下的一种灌水技术。

由于微灌的灌水器出水口小,管网容易被水中的矿物质或有机质堵塞,因此对过滤设备性能要求高。

(一)滴灌

滴灌是利用安装在末级管道(称为毛管)上的滴头(图 9-7),将输水管内的有压水流通过消能,以水滴的形式一滴一滴的灌入土壤中的灌溉方式。水滴离开滴头时压力为零,只有重力作用于土壤表面。滴灌不同于传统的地面灌或喷灌要将土壤全部表面灌水,而是只湿润作物根系附近的局部土壤。

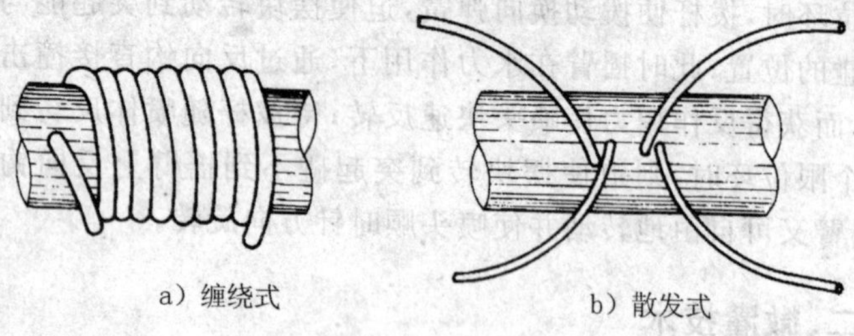

图 9-7 管式滴头

1. 滴头

滴头是通过流道或孔口将毛管中的压力水流变成滴状或细流状,使其以稳定的速度一滴一滴地滴入土壤。滴头常用塑料压注而成,工作压力为 100kPa,流道最小孔径为 0.3~1.0mm,流量在 0.6~1.2L/h 之间。按滴头的消能方式可分为以下几种类型。

(1)管式滴头。通过水流与流道壁之间的摩擦力消能来调节出水量的大小,如内螺纹管式滴头、微管滴头等,如图 9-8 所示。

(2)孔口式滴头。通过孔口出流造成的局部水头损失来消能和调节出水量的大小,如图 9-9 所示。孔口一般为 0.5~1mm,工作压力为 20~50kPa。

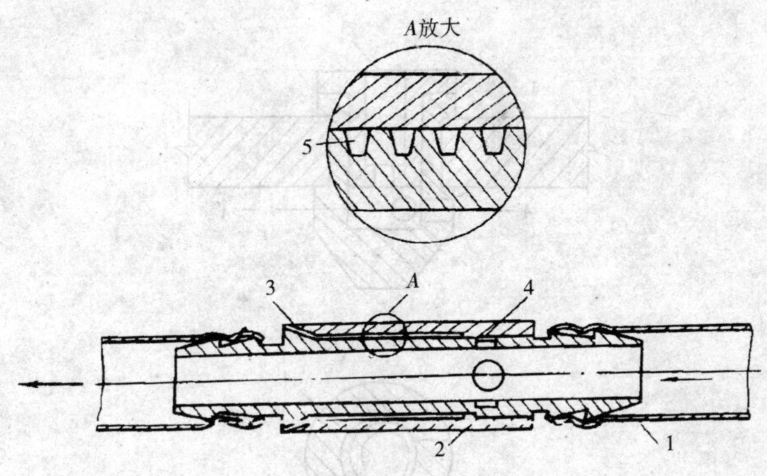

图 9-8 内螺纹管式滴头

1—毛管 2—滴头 3—滴头出水口 4—螺纹流道槽 5—流道

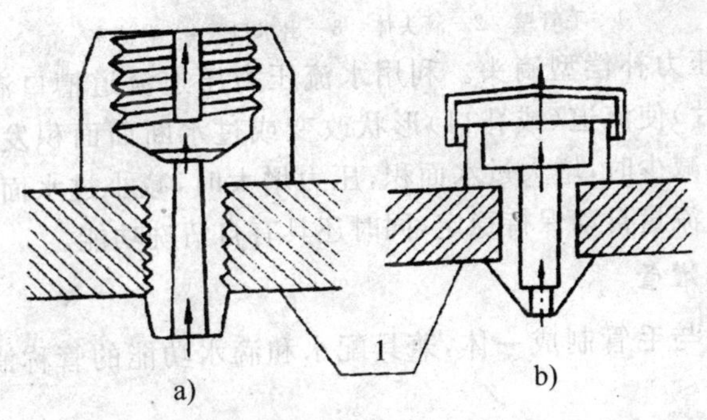

图 9-9 孔口式滴头

a)螺纹式 b)铆接式

1—输水管壁

(3)涡流型滴头。靠水流进入灌水器的涡流室内形成涡流来消能和调节出水量的大小，水流由涡流室的中间孔流出，如图 9-10 所示。

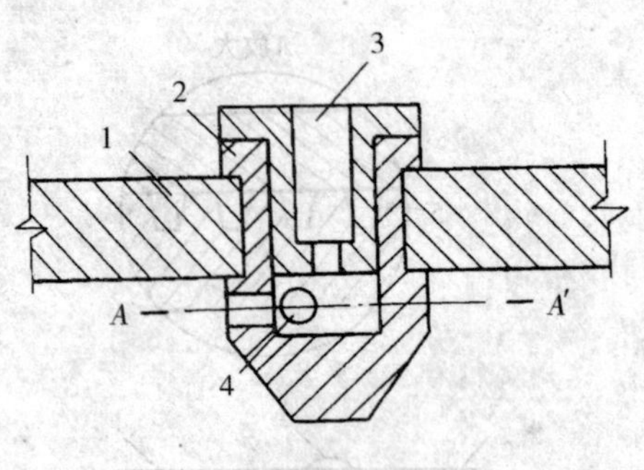

图 9-10 涡流型滴头

1—毛管壁 2—滴头体 3—出水口 4—涡流室

(4)压力补偿型滴头。利用水流压力压迫流道槽口滴头内的弹性体(片)使流道(或孔口)形状改变或过水断面面积发生变化，即当压力减少时，增大过水面积，压力增大时，减小过水面积，从而使滴头出流量自动保持稳定，同时还具有自清洗功能。

2. 滴灌管

滴头与毛管制成一体，兼具配水和滴水功能的管称滴灌管或滴灌带。

(1)内嵌式滴灌管。在毛管制造过程中，将预先制造好的滴头镶嵌在毛管内，形成滴灌管。图 9-11 为一种内镶式滴灌管。

(2)薄壁滴灌带。目前国内使用的薄壁滴灌带有两种。一种是在 0.2～1.0mm 厚的薄壁软管上按一定间距打孔，灌溉水由孔口喷出湿润土壤；另一种是在薄壁管的一侧热合出各种形状的流道，灌溉水通过流道以滴流的形式湿润土壤，如图 9-12 所示。

由于滴灌是缓慢给水，灌水流量小，管内水的工作压力和摩擦

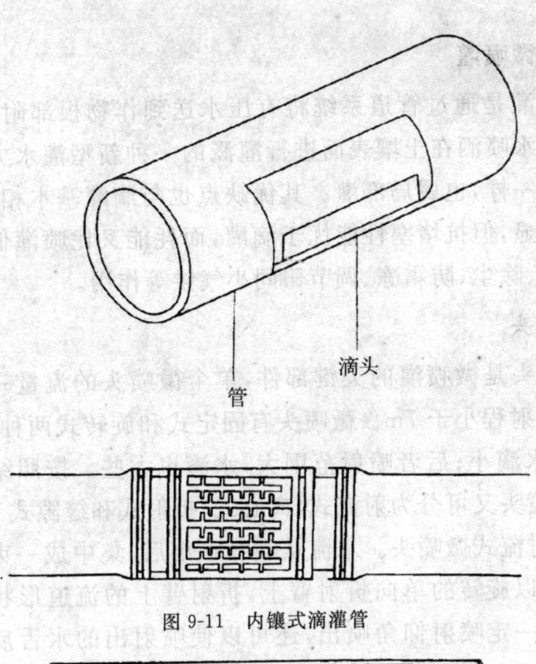

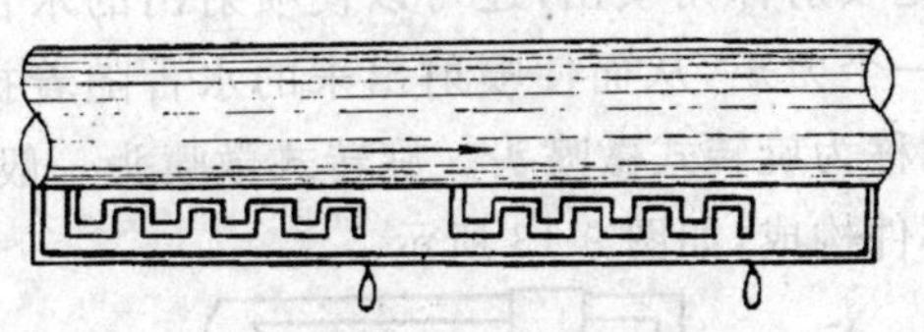
图 9-11 内镶式滴灌管

图 9-12 薄壁滴灌带

损失都小，这就为实行低能耗、高均匀度（指滴头滴水均匀度）提供了物质条件，也为更高的节水作物产量和更好的农产品质量提供了可靠的保证。但与喷灌方式相比，不具有防干热风、调节田间小气候的作用。对于黏重土壤，因灌水时间较长，根系区土壤水分长期保持高含水量状态，农作物根部易生病害。另外，土壤长期定点灌水会使土壤湿润区与干燥区的交界处盐分聚积，有可能产生土壤次生盐渍化，对农作物生长不利。而且滴头的堵塞问题还没有彻底解决。

(二)微喷灌

微喷灌是通过管道系统将有压水送到作物根部附近,用微喷头将灌溉水喷洒在土壤表面进行灌溉的一种新型灌水方法。微喷灌与滴灌一样,也属局部灌。其优缺点也与滴灌基本相同,节水增产效果明显,但抗堵塞性能优于滴灌,而耗能又比喷灌低。同时还具有降温、除尘、防霜冻、调节田间小气候等作用。

微喷头

微喷头是微喷灌的关键部件,单个微喷头的流量一般不超过250ml/h,射程小于7m。微喷头有固定式和旋转式两种,前者喷射范围小,水滴小;后者喷射范围大,水滴也大些。按照结构和工作原理,微喷头又可分为射流式、离心式、折射式和缝隙式4种。

(1)射流式微喷头。水流从喷嘴喷出后,集中成一束向上喷射到一个可以旋转的单向折射臂上,折射臂上的流道形状不仅可以使水流按一定喷射仰角喷出,还可以使喷射出的水舌反作用力对旋转轴形成一个力矩,从而使喷射出来的水舌随着折射臂做快速旋转,故它也称为旋转式微喷头。旋转式微喷头一般由折射臂、支架、喷嘴等部件构成,如图9-13所示。

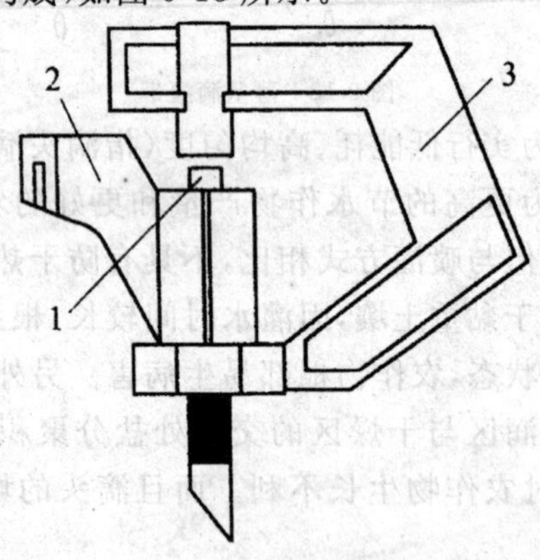

图9-13　射流式微喷头

1—喷嘴　2—折射臂　3—支架

旋转式微喷头的射程较大，灌水强度较低，水滴细小。由于其运动部件加工精度要求较高，并且旋转部件容易磨损，因此使用寿命较短。

(2)折射式微喷头。折射式微喷头主要由喷嘴、折射锥和支架3个部件组成，如图9-14所示。水流由喷嘴垂直向上喷出，遇到折射锥即被击散成薄水膜沿四周射出，在空气阻力作用下形成细微水滴散落在四周地面上。折射式微喷头又称为雾化微喷头。它的优点是结构简单，没有运动部件，工作可靠，价格便宜；缺点是由于水滴太细小，在空气干燥、温度高和风大的地区，蒸发飘移损失大。

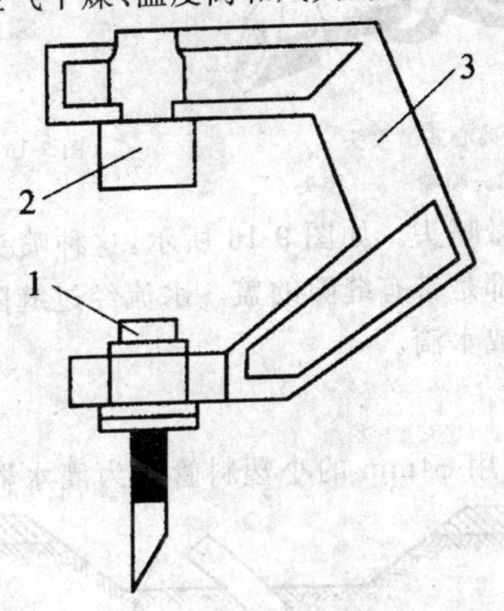

图9-14 折射式微喷头

1—喷嘴 2—折射锥 3—支架

(3)离心式微喷头。这种喷头的结构外形如图9-15所示。它的主体是一个离心室，水流从切线方向进入离心室，绕垂直轴旋转，通过处于离心室中心的喷嘴射出的水膜同时具有离心速度和圆周速度，在空气阻力作用下散成水滴落在喷头四周。该种喷头工作压力低，雾化程度高，不易堵塞。

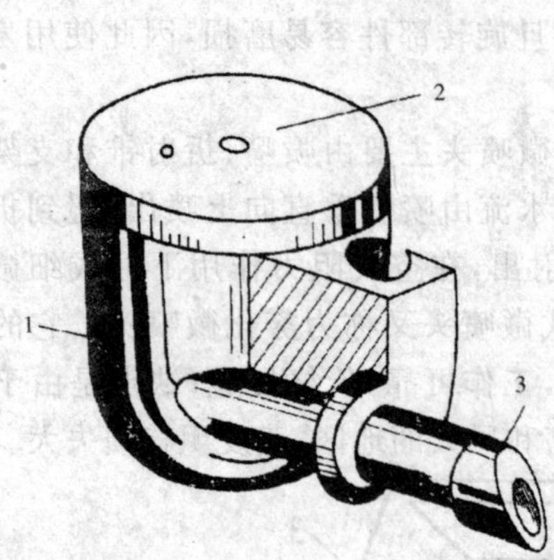

图 9-15 离心式微喷头

1—离心室 2—喷嘴 3—接头

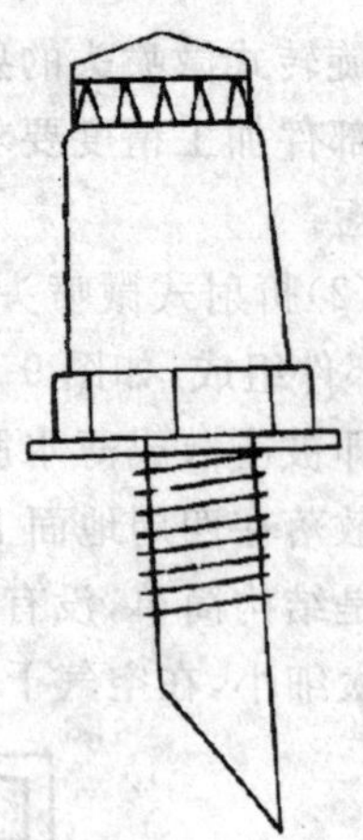

图 9-16 缝隙式微喷头

(4)缝隙式微喷头。如图 9-16 所示,这种喷头由两部分组成,下部是底座,上部是带有缝隙的盖。水流经过缝隙喷出,在空气阻力作用下,裂散成水滴。

(三)涌泉灌

涌泉灌是利用 φ4mm 的小塑料管作为灌水器,以细流(射流)

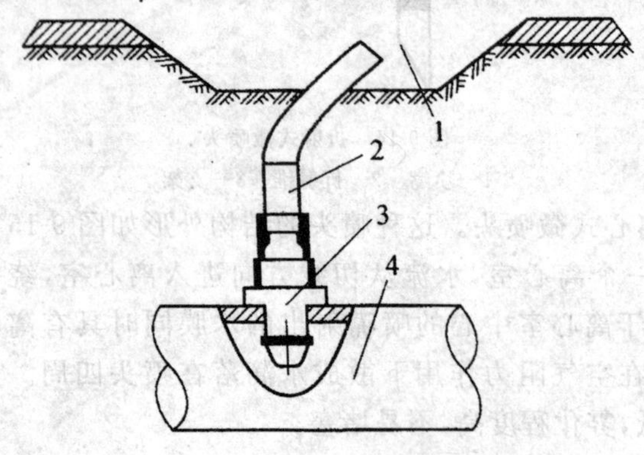

图 9-17 涌泉灌灌水器

1—渗水沟 2—φ4mm 水管 3—接头 4—毛管

状局部湿润作物附近土壤的灌溉方式，对于高大果树，通常围绕树干修一圈渗水小沟，以分散水流均匀湿润果树周围土壤。这种灌溉技术也称小管出流灌溉。

其工作原理如图 9-17 所示。利用接在毛管上的 φ4 mm 小塑料管消减压力，使水流变成细流状施入土壤。它的工作压力低，孔口大，不易堵塞。

(四)渗灌

渗灌属地下暗管灌溉，是利用废旧橡胶和 PE 塑料按一定比例混合制成可以渗水的多孔管，将此渗水毛管埋入地下 30～40mm，压力水通过管壁上的毛细孔，以渗流的形式湿润周围土壤。渗水毛管的流量通常为 2～3 ml/h(图 9-18)。

渗水管的抗堵塞性能和使用寿命尚待提高。渗灌在使用中除砂粒等物理性堵塞外，还有因水中溶解盐析出后凝积在管壁中的化学性堵塞，以及细菌类的生物性堵塞。上述原因造成的堵塞会使渗水管的渗水性能不断降低直至失效。其次是渗水管的埋深、间距和渗水强度都随管道材质、土壤质地、作物、地下水埋深等因素有关，该方面的研究尚不完善。加之投资较大，一般为喷灌的 4 倍，检查、维修也比较麻烦。这些都是至今没能大面积推广的原因。

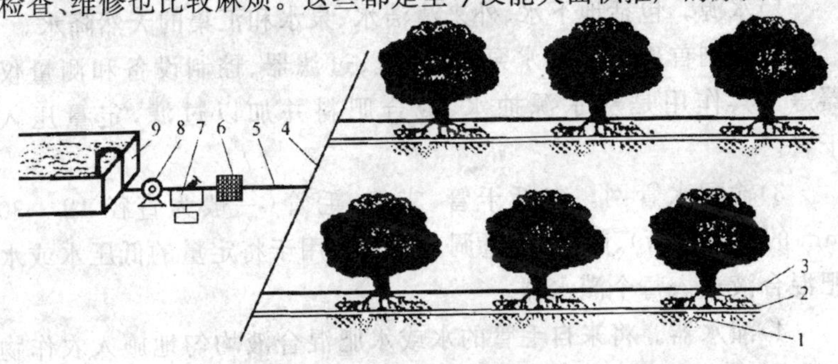

图 9-18 渗灌系统

1—出水口 2—渗管 3—地表 4—支管道 5—主管道
6—过滤器 7—加肥器 8—水泵 9—水源

（五）微灌系统的组成及作用

微灌系统由水源、控制首部、输配水管网及灌水器 4 部分组成，如图 9-19 所示。不同的灌水器将组成不同的微灌系统，差别主要在灌水器。现以滴灌系统为例介绍其组成和作用。

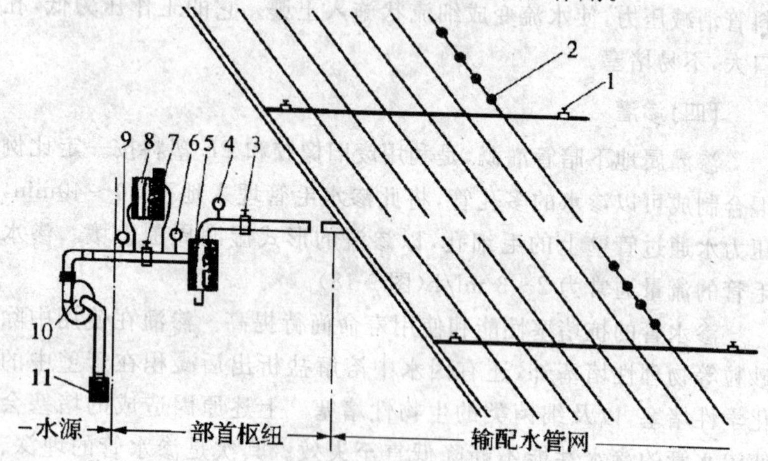

图 9-19 微灌系统的组成

1—支路闸阀 2—灌水器 3、7—闸阀 4、6、9—压力表
5—过滤器 8—加肥器 10—水泵 11—水泵底阀

1）水源。包括地下水、外来清洁水、泉水和汇集的天然降水。

2）控制首部。包括水泵、动力机、过滤器、控制设备和测量仪器等。其作用是从水源抽水、混合肥料并加以过滤，定量压入干管。

3）输配水管网。包括干管、支管、毛管（一般为直径 12～30 mm 的塑料软管）、闸阀、流量调节器等。用于将定量的低压水或水肥混合液送入每个灌水器。

4）灌水器。将来自毛管的水或水肥混合液均匀地施入农作物根系周围的土壤。

三、节水灌溉技术的发展趋势

1. 与生物技术相结合的作物调控灌溉技术

作物调控灌溉的基本思想是作物的生理化学通道受到遗传特性或生长激素的影响，在生长发育的某些时期施加一定的水分胁迫，即可影响光合产物向不同组织器官分配的倾斜，从而提高产出量而舍弃营养器官的生长量和有机合成物质的总量。基于上述思路，从农作物生理角度出发，在一定时期主动施加一定程度有益的亏水度，使农作物经历有益的亏水锻炼，改善品质，控制上部旺长，实现矮化密植，达到节水增产的目的。

2. 应用3S技术的精细灌溉技术

精细灌溉是精细农业的一个组成部分。精细农业代表着20世纪90年代农业生产的最高水平，是信息和人工智能高新技术相结合在大农业中的应用，主要内容是运用全球卫星定位系统(GPS)和地理信息系统(GIS)、遥感技术(RS)和计算机控制系统，实时获取农田小区作物生长实际需求的信息，通过信息处理与分析，基于小区农作条件的空间差异性，采取有效的调控措施，最大限度地优化组合各项农业投入，对作物实施定位按需变量投入和精细管理，以获得最高产量和最大的经济效益，同时保护自然资源与农业生态环境。

精细灌溉技术就是按需给作物进行施水的技术，可以最大限度提高水资源的利用率和土地的产出率；是农田灌溉学科发展的热点和农业新技术革命的重要内容。

3. 智能化节水灌溉装备技术

智能化节水灌溉装备技术是把生物学、自动控制、微电子、人工智能、信息科学等高新技术集成于节水灌溉机械与设备，实时地检测土壤和作物的水分，按照作物不同的需水要求来实施变量施水，达到最优的节水增产效果。

第十章　水泵的使用与维护

一、离心泵的使用与故障排除

1.开机前的准备

水泵开机前，操作人员要进行必要的检查，以确保水泵的安全运行。

(1)用手慢慢转动联轴器或带轮，观察水泵转动是否灵活、平稳，泵内有无杂物碰撞声，轴承运转是否正常，皮带松紧是否合适等。如有异常，应进行必要的检修或调整。

(2)检查所有螺栓、螺钉是否松动，必要时进行紧固。

(3)检查水泵转向是否正确。正常工作前可先开车检查，如转向相反，应及时停车。若以电机为动力，则任意换接两相接线的位置；如果是以柴油机为动力，则应检查皮带的接法是否正确。

(4)需灌引水起动的水泵，应先灌引水。在灌引水时，用手转动联轴器或皮带轮，以排出叶轮内的空气。

(5)离心泵应关闭闸阀起动，以减小起动负荷。起动后应及时打开闸阀。

2.使用中的检查

水泵在运行过程中要经常进行检查，操作人员要严守岗位，发现问题及时处理。

(1)检查各种仪表工作是否正常。如电流表、电压表、真空表、压力表等。若发现读数不正常或指针剧烈跳动，应及时查明原因，予以解决。

(2)检查填料松紧度。一般情况下,填料的松紧度以每分钟渗水12~35滴为宜。滴水太少,容易引起填料发热、变硬,加快泵轴和轴套的磨损。滴水太多说明填料过松,易使空气进入泵内,降低水泵的容积效率,甚至造成不出水。填料的松紧度可通过填料压盖螺钉来调节。

(3)经常检查轴承温度是否正常。一般情况下轴承温度不应超过60℃。通常以用手试感觉不烫为宜。轴承温度过高说明工作不正常,应及时停机检查。否则可能烧坏轴瓦、断轴或因热胀咬死。

(4)随时注意是否有异响、异常振动、出水减少等情况,一旦发现异常应立即停车检查,及时排除故障。

(5)当进水池水位下降后,应随时注意进水管口淹没深度是否够用,防止进水口附近产生旋涡;经常清理拦污栅和进水池中漂浮物,以防堵塞进水口。

(6)停车前应先关闭出水管上的闸阀,以防发生倒流,损坏机具。

3.离心泵的维护

(1)轴承的维护。对于装有滑动轴承的新泵,运行100h左右就应更换润滑油;以后每工作300~500h换油一次。在使用较少的情况下,每半年也必须更换润滑油。滚动轴承一般每工作1 200~1 500h应补充一次润滑油,每年彻底换油一次。

(2)每次停车后均应及时擦拭泵体及管路上的油渍,保持机具清洁。

(3)在排灌季节结束后,要进行一次小修,将泵内及水管内的水放尽,以防发生锈蚀或冻坏。累积运行2 000h以上进行一次大修。

4.离心泵的常见故障及排除方法

离心泵常见的故障现象及排除方法见表10-1。

表 10-1　离心泵常见的故障现象及排除方法

故障现象	原因分析	排除方法
水泵灌不满水	1. 底阀损坏 2. 底阀活门被杂物卡住 3. 进水管漏水 4. 放水螺塞未旋紧 5. 进水管中有气阻	1. 更换或修理底阀 2. 清除杂物 3. 根据漏水部位进行修理 4. 旋紧螺塞 5. 放气或重新安装进水管路
起动后出水量少或根本不出水	1. 吸水扬程太高 2. 淹没深度不够,大量空气被吸入 3. 水泵转速达不到额定值 4. 水管或叶轮被杂物堵住 5. 叶轮或口环损坏 6. 底阀锈住 7. 未加引水或加水不满 8. 水泵转向错误 9. 皮带过松或打滑 10. 填料处漏水、漏气严重	1. 降底吸水高度 2. 在底阀上加一段延长管 3. 调整转速 4. 清除杂物 5. 更换损坏件 6. 修理底阀 7. 重加引水,注意排出内部空气 8. 通过调相或改变皮带安装方式改变转向 9. 调整中心距或带长度 10. 拧紧压盖或重装填料
动力机超载	1. 装置扬程太低,使流量加大,负荷增加 2. 转速太高 3. 泵轴弯曲或轴承损坏 4. 动力机轴与泵轴不同心 5. 叶轮与泵壳摩擦 6. 填料过紧	1. 关小闸门或调低转速 2. 调低转速 3. 针对损件修理或更换 4. 调整同心度 5. 通过拧紧叶轮螺母或在叶轮后面加垫圈来调整叶轮位置 6. 调松压盖或重装填料
水泵振动或声音异常	1. 发生汽蚀(吸程太高或淹没太浅) 2. 叶轮不平衡或损坏 3. 轴承损坏或润滑油太脏 4. 地脚螺丝松动 5. 叶轮与泵壳摩擦 6. 泵轴弯曲或同心度不好	1. 根据汽蚀原因采取消除汽蚀措施 2. 修理或更换叶轮 3. 换轴承另加润滑油 4. 拧紧 5. 调整间隙 6. 校直或调整同心度

续表

故障现象	原因分析	排除方法
轴承发热	1.轴承磨损太多	1.换轴承
	2.泵轴弯曲	2.校直或更换
	3.润滑油加得太多或太少	3.减少或加注
	4.润滑油油质太差	4.洗净轴承并换油
	5.皮带太紧	5.加长带或减小中心距
	6.动力机轴与泵轴不同心	6.调整同心度
	7.轴承安装不当	7.重新安装
填料函漏水太多	1.轴弯曲、不同心,叶轮不平衡,轴承损坏,填料损过多等	1.修理或更换,并消除引起的原因
	2.轴套磨损过多	2.修理或更换
	3.发硬或规格不符	3.更换
	4.填料压盖螺丝太松	4.旋紧螺钉

二、轴流泵的使用与故障排除

1.水泵使用前的准备工作

(1)检查泵轴是否因运输而弯曲,如有弯曲则须校直。

(2)水泵安装的高度必须符合产品说明书的规定,以满足汽蚀余量的要求及起动要求。

(3)进水池进水口前应设拦污栅,避免杂物带进水泵。拦污栅的大小以使水经过拦污栅时的流速不超过0.3m/s为宜。

(4)水泵在安装前应检查叶片的安装角度是否符合要求,叶片是否有松动等。

(5)安装好后,应检查各联轴器和底脚螺栓是否上紧。

(6)水泵的出水管应另设支承架,不得靠泵体支承。

(7)使用止回阀时最好装平衡锤,以平衡门盖的重力,使水泵匀速运行。

(8)水泵起动前应用手转动联轴器数周,注意感觉轻重是否均匀,如有不均匀必须查明原因并排除。

(9)起动前应向上部填料函处的短管内引注清水,用来润滑橡胶或塑料轴承,待水泵正常运行后即可停止。

(10)联轴器连接之前应先检查电机转向是否正确,如不正确应调换接线头。

(11)在出水管路上装有闸阀的情况下,水泵起动前必须检查闸阀是否完全打开,以免造成损失。

(12)检修轴承油腔时应将原有润滑脂除净,重新注入优质润滑脂,其量约为油腔容量的1/3～1/2。

2.水泵运转中应注意的问题

(1)叶轮浸水深度是否足够,拦污栅过水是否畅通。

(2)叶轮外缘与叶轮外壳是否有磨损,叶片上是否绕有杂物,橡胶或塑料轴承是否过紧或被烧坏。

(3)各紧固螺栓是否松动。

3.轴流泵的常见故障现象及排除方法

轴流泵的常见故障现象及排除方法见表10-2。

表10-2　轴流泵的常见故障现象及排除方法

故障现象	原因分析	排除方法
起动后出水量不足甚至不出水	1.叶轮淹没深度不够或卧式泵吸程太高 2.装置总扬程过高 3.转速太低 4.叶片安装角过小 5.叶轮外缘磨损过大 6.水管或叶轮被杂物堵塞 7.叶轮转向错误 8.叶轮螺母脱落 9.进水池限制进水 10.进水形式不佳	1.降低安装高度或提高进水池水位 2.调整叶片安装角 3.增加转速 4.增大安装角 5.更换叶轮 6.清除杂物 7.调整转向 8.重新旋紧,并解决螺母脱落问题 9.清理杂物或增大进水池 10.改变进水形式

续表

故障现象	原因分析	排除方法
动力机超载	1.因装置扬程太高，叶轮淹没深度不够，进水不畅等原因造成水泵在小流量情况下运行，使轴功率增加 2.转速太高 3.叶片安装角过大 4.出水管堵塞 5.叶片上缠绕杂物 6.泵轴弯曲或不同心 7.轴承损坏 8.叶片与泵壳摩擦 9.填料太紧	1.消除造成超载的原因 2.降低转速 3.减小安装角 4.消除堵塞 5.清除杂物 6.校直或调换，调整同心度 7.更换轴承 8.重新调整 9.旋松压盖或重新填装
水泵振动或声音异常	1.进水流态不稳定，有旋涡 2.转速太高 3.叶轮不平衡，叶片缺损或有杂物 4.填料磨损过多或变硬 5.滚动轴承损坏或润滑不良 6.橡胶轴承磨损严重 7.轴弯曲或不同心 8.固定螺丝松动 9.叶片安装角不一致 10.叶轮与泵壳摩擦	1. 提高进水池水位或降低水泵安装高度 2. 降低转速 3. 调换叶轮、叶片或清除杂物 4. 重装填料 5. 加注润滑油或更换轴承 6. 更换轴承 7. 校直，换轴或调整同心度 8. 重新拧紧 9. 重新安装好 10. 重新调整间隙

三、潜水电泵的使用与故障排除

1.使用前的准备工作

(1)检查电缆线有无破裂、折断现象。因为电泵的电缆线要浸入水下工作，若有破裂折断极易造成触电事故。有时电缆线外观并无破裂或折断现象，也有可能因拉伸或重压造成电缆芯线折断，此时若投入使用，则极易造成两相制动现象，如果不能及时发现，极易烧坏电动机。所以，在使用前既要从外观认真检查，又要用万用电表检查电缆线是否通路。

(2)用兆欧表检查电泵的绝缘电阻。电动机绕组相对机壳的绝缘电阻不得小于1MΩ。

(3)检查是否漏油。潜水电泵漏油的途径是电缆接线处、密封室加油螺钉处的密封及密封处的O形环。检查时首先要确定是否真漏油。造成漏油的原因多是加油螺钉没旋紧、螺钉下面的耐油橡胶垫损坏或者O形密封环失效。

(4)搬运潜水电泵时应避免碰撞，轻拿轻放，防止损坏零部件。不得用力拉电缆，防止扎伤、磨破等。

(5)潜水电泵必须与保护开关配套使用。由于潜水电泵的工作条件复杂，流道杂物堵塞、两相运转、低电压运转等经常会遇到，若没有保护开关，很容易发生电机绕组烧坏问题。若确实不能解决保护开关问题，则应在三相闸刀开关处装以电机额定电流2倍的熔断丝，绝对不能用铅丝甚至铜丝代替。

(6)要有可靠的接地措施。对于三相四线制电源而言，只要将电泵的接地线与电源的零线连接好即可。如果电源无零线则应在电泵附近的潮湿地上埋入深1.5m以上的金属棒作地线，使之与电泵上的接地线可靠地连接。

(7)长期停用的潜水电泵再次使用前，应拆开最上一级泵壳，转动叶轮数周，防止因锈死不能起动而烧坏绕组。

2.潜水电泵使用中应注意的事项

(1)在杂草、杂物较多的地方使用潜水电泵时，外面要用大竹篮、铁丝网罩或建拦污栅，防止杂物堵住潜水电泵的格栅网孔。

(2)安装潜水电泵时泵深一般为0.5～3m，视水深及水面变动情况而定。水面较大，抽水中水面高度变化不大，可适当浅些，以1m左右为佳。水面不大而较深，工作中水面下降较多则可适当深些，但一般不要超过 3～4m，太深了容易使机械密封损坏，且增加了水管长度。

(3)潜水电泵安装完毕应通电观察出水情况，若出水量小或不出水则可能是转向有误，应任意调换两相接线头。

(4)潜水电泵工作时不要在附近洗涤物品、游泳或放牲畜下水，以免漏电发生触电事故。

(5)潜水电泵不宜频繁开关，否则将影响使用寿命。原因首先是电泵停机时管路内的水产生回流，若立即起动则电泵负载过重并承受冲击载荷；其次是频繁开关易使承受冲击载荷小的零部件损坏。

(6)检查电泵时必须切断电源。

3. 潜水电泵的维护与保养

(1)定期换油 潜水电泵每工作 1 000h 应调换一次密封室内的油，每年调换一次电动机内部的油液。对充水式潜水电泵还需定期更换上下端盖、轴承室内的骨架油封和锂基润滑脂，确保良好的润滑状态。对带有机械密封的小型潜水电泵，必须经常打开密封室加油，螺孔加满润滑油，使机械密封处于良好的润滑状态，以保证其工作寿命。

(2)及时更换密封盒 如果发现漏入电泵内部的水较多(正常泄漏量为每昼夜 2ml)，就应当更换密封盒，同时测量电机绕组的绝缘电阻，若绝缘电阻值小于 0.5MΩ，必须进行干燥处理。更换密封盒时应注意外径及轴孔中 O 形密封环的完整性，以免水大量漏入潜水泵的内部而损坏电机绕组。

(3)保存 潜水电泵长期不用时不能任其浸泡水中，而应存放于干燥通风的库房中。对充水式潜水电泵应先清洗，除去污泥杂物，才能存放。电缆存放时，应避免日光照射，以防老化裂纹，降低绝缘性能。

(4)及时进行防锈处理 使用一年以上的潜水电泵，应根据其锈蚀情况进行防锈处理，如涂防锈漆等。内部防锈可视泵型和腐蚀情况而定，内部充满油时则不会生锈。

(5)保养 潜水电泵每年应保养一次，拆开电机，对所有部件进行清洗、除垢除锈，及时更换磨损较大的零部件，更换密封室内及电动机内部的润滑油，若发现放出的润滑油油质混浊且含水量过多(超过50ml)，则需更换整体密封盒或动、静密封环。

(6)气压试验 经过检修的电泵应以0.2MPa的气压检查各零件止口配合面处O形密封环和机械密封的二道封面是否有漏气现象，若有漏气则必须重新装配或更换漏气零部件。然后分别在密封室和电动机内部加入润滑油。

4. 潜水电泵的常见故障及排除方法

潜水电泵的常见故障及排除方法见表10-3。

表10-3 潜水电泵常见的故障及排除方法

故障现象	原因分析	排除方法
起动后不出水	1. 叶轮卡住 2. 断电或缺相 3. 电源电压过低或电缆压降过大 4. 定子绕组损坏，电阻严重失衡	1. 清除杂物，然后用手转动叶轮，若发现有摩擦，则可通过加垫片的方法解决 2. 逐级检查电源线上的闸刀开关，看是否有电或缺相 3. 调整变电电压或更换截面较大的电缆、缩短电缆长度 4. 按原来设计数据重新下线，重绕定子绕组
出水量过少	1. 扬程太高 2. 过滤网阻塞或叶轮流通部分堵塞 3. 叶轮转向有误 4. 叶轮或口环磨损严重 5. 潜水深度不够	1. 重新选泵或降低实际扬程 2. 清除阻塞杂物 3. 调换任两相火线接 4. 更换磨损件 5. 加深潜水深度

续表

故障现象	原因分析	排除方法
电泵突然停止运转	1. 保护开关跳闸或保险丝烧断 2. 电源断电 3. 电泵的出线盒进水，连接线烧断 4. 定子绕组烧坏	1. 电泵电压过低，使电泵的运转电流超过额定值较多、缺相、电泵发生机械故障 2. 查明断电原因并解决 3. 打开线盒，接好断线包好绝缘胶带，排除漏水原因，按原样装好 4. 重绕定子组并查明烧机原因，予以解决
定子绕组烧坏	1. 接地线错接电源线 2. 断相工作，保护开关失效 3. 机械密封损坏漏水 4. 叶轮卡住 5. 电泵脱水运转时间太长 6. 电泵停开时间间隔太短，使电泵超负荷起动	重绕定子绕组

四、单相潜水电泵的常见故障及排除方法

单相潜水电泵是潜水电泵的一种，所以它的常见故障与前面所述类同，但由于其动力是单相电，所以它又有一些特有的故障现象，见表 10-4。

表 10-4　单相潜水电泵特有故障及排除方法

故障现象	原因分析	排除方法
起动电容器损坏	1. 电压过低，电机起动时间太长 2. 因某种原因使电泵不能起动	1. 更换电容器，如原电容器破裂，内液外泄，则需清除干净 2. 查明原因并解决

续表

故障现象	原因分析	排除方法
离心开关损坏	1.离心开关底板接触簧片断裂;底板接触簧片上铆钉脱落,造成离心器上的胶木活络套与簧片相擦;离心器胶木活络套破碎;触头脱落 2.因触点经常“打火”导致触点接触不良或不通	1.更换离心开关,应用轴承拉脚把轴承与离心器支架拉出,然后压入新的离心器 2.用金相砂纸轻擦触头,除去氧化层,而后用酒精擦净
热保护器损坏	电泵过载发热致使热保护器动作,冷却后再工作,又过热,保护器再次动作,周而复始,最终损坏,并致使电机绕组烧坏	及时发现并查明过载原因,消除过载原因并更换热保护器

附　录

附录 A　农用水泵新旧型号对照表

	新型号	旧型号	新型号	旧型号	说明
单级单吸离心泵	IB50-32-125	3/2BA-6、3/2B17	IB100-80-160	4BA-12、4B35	①新泵平均提高效率 4.2% ②型号说明示例 IB50-32-125 50 为水泵进口直径(mm) 32 为水泵出口直径(mm) 125 为叶轮名义直径(mm)
	IB65-50-125	2BA-9、2B19	IB100-65-200	4BA-8、4B54	
	IB65-50-160	2BA-6、2B31	IB100-65-250	4BA-6、4B91	
	IB80-65-120	2BA-13、3B19	IB150-125-250	6BA-12、6B20	
	IB80-65-160	3BA-9、3B33	IB150-125-315	6BA-8、6B33	
	IB80-50-200	3BA-6、3B57	IB200-150-250	6BA-18、8B18	
	IB100-80-120	4BA-18、4B20	IB200-150-315	8BA-12、8B29	
单级双吸离心泵	150S-78	6SH-6	300S-19	12SH-19	①新泵平均提高效率 2.63% ②型号说明示例:150S-75 150 为水泵进水口直径(mm) S 为单级双吸卧式离心泵 75 为最佳工况时扬程(m)
	150S-50	6SH-9	300S-12	12SH-28	
	200S-95	8SH-6	350S-125	14SH-6	
	200S-63	8SH-9	350S-75	14SH-9	
	200S-42	8SH-13	350S-44	14SH-13	
	250S-65	10SH-6	350S-26	14SH-19	
	250S-39	10SH-9	350S-16	14SH-28	
	250S-24	10SH-13	500S-98	20SH-6	
	250S-14	10SH-19	500S-59	20SH-9	
	300S-90	12SH-6	500S-35	20SH-13	
	300S-58	12SH-9	500S-22	20SH-19	
	300S-32	12SH-13	500S-13	20SH-28	

续表

	新型号	旧型号	新型号	旧型号	说明
轴流泵	350ZLB-7.4 500ZLB-7.4	14ZLB-70 20ZLB-70	700ZLB-7.5 900ZLQ-7.6	28ZLB-70 36ZLB-70	①新泵平均提高效率2.35% ②型号说明示例350ZLB-7.4 350为出水口径(mm),Z为轴流泵,L为立式,B为叶片可半调节,7.4为扬程(m)
混流泵	100HW-5 100HW-12 150W-8 150W-5 200HW-5 200HW-8 250HW-5 250HW-8	4HB-35 5B10 WH6-7 6HB-25 8HB-50 WN8-7 10HB-35 10HB-30	250HW-12 300HW-8 300HW-12 400HW-5 400HW-8 400HW-12 500HW-7 700HW-11	WN10-9 12HBC-40 WN12-12 16HB-50 16HB-40 16HB-35 20HB-40 24HB-50	①新泵平均提高效率3.47% ②型号说明示例:100HW-5 100为泵的进口直径(mm) HW为蜗壳式混流泵 5为扬程(m)
长轴深井泵	100JC10-3.8(10～28) 150JC30-9.5(2～21) 150JC50-8.5(2～11) 200JC80-16(2～6)	4JD10 6JD36 6JD56 8JD80	25JC130-8(4～12) 300JC210-10.5(2～9) 350JC340-14(2～16) 400JC550-17(2～15)	10JD140 12JD230 14JD370 16JD490	①新泵平均提高效率4.4% ②型号说明示例:100JC10-3.8(10～28) 100为适用最小井径(mm) JC为长轴离心深井泵 10为流量(m^3/h) 3.8为单级扬程(m) 10～28为叶轮级数

续表

	新型号	旧型号	新型号	旧型号	说明
潜水电泵	150QJ5(14～42) 150QJ10(7～35) 200QJ20(3～18) 200QJ32(2～18) 200QJ50(2～12) 250QJ50(1～15)	150NQ6 150NQ10 200NQ20 200NQ36 8NQ50 10NQ50	250QJ180(1～12) QY15×26-2.2 QY15×18-2.2 QY65×7-2.2 QY100×5-2.2	10NQ80 QY-25 QY-15 QY-7 QY-3.5	①新泵平均提高效率5.3～5.8 ②型号说明示例：150QJ5（14～42） 150为适应最小井径(mm) QJ为井用潜水电泵 5为流量(m^3/h) 14～42为叶轮级数 QY25×15-2.5 QY为充油式上泵型潜水电泵 25为额定流量(m^3/h) 2.5为电机功率(kW)

附录B1 常用离心泵性能参数表

型 号	流量/(m^3/h)	扬程/m	转速/(r/min)	配用功率/kW	吸上高度/m
200S42	280	42	2 950	45	5
200S63	280	63	2 950	75	5
200S95	280	95	2 950	112	5
250S14	480	14	1 450	30	6.2
250S39A	468	30.5	1 450	132	6.2
250S65	485	65	1 450	132	6.2
300S12	790	12	1 450	37	5.2
300S19	790	19	1 450	55	5.2

续表

型　号	流量/(m^3/h)	扬程/m	转速/(r/min)	配用功率/kW	吸上高度/m
300S32	790	32	1 450	90	5.2
300S58	790	58	1 450	190	5.2
300S90	790	90	1 450	320	5.2
350S16	1260	16	1 450	75	4.5
350S26	1260	26	1 450	112	4.5
350S75	1260	75	1 450	360	4.5
350S125	1260	125	1 450	680	4.5
500S13	2020	13	970	110	5
500S22	2020	22	970	280	5
500S35	2020	35	970	280	6
500S59	2020	59	970	450	6
500S98	2020	98	970	800	6
IB80-50-315	50	125	2 900	45	7.5
	25	32	1 450	5.5	7.7
IB100-65-250	100	80	2 900	37	6.7
	50	20	1 450	5.5	7.7
IB150-125-400	200	50	1 450	55	7
IB200-150-315	400	32	1 450	55	6.5
IB80-65-160	50	32	2 900	7.5	7.6

附录 B2　常用轴流泵性能参数表

型　号	流量/(L/s)	扬程/m	转速/(r/min)	配用功率/kW
350ZLB-4.2	330	4.21	1 450	22
350ZLB-7	324	7.05	1 450	30
500LB-2.6	707	2.56	980	30
500ZLB-3.5	790	3.5	960	30
500ZLB-5.7	669	5.74	980	80
600ZLB-2.4	800	2.36	580	30
600ZLB-3.6	1 020	3.59	730	55
700ZLB-2.8	1 350	2.78	730	55
700ZLB-10.3	1 480	10.28	730	130
900ZLB-4	2 460	4	485	155

参考文献

[1]胡霞主编.农业机械应用技术.北京:中国农业出版社,2001

[2]王忠群等编.植保机械的使用与维修.北京:机械工业出版社,2000

[3]吴桐林主编.植保机械的使用与维修.郑州:中原农民出版社,1999

[4]中国农业机械网.www.NYJX.cn